사진 낚는
어부,
바다를
담다
—
**거울
편**

김상수

80년대부터 2013년까지 어촌과 어부들의 바다 생활을 다루는
해양수산전문 월간지 『우리바다』 편집실에서 취재기자와 편집장으로
30여년을 보냈다.

현재는 (사)한국해양문화연구원 소속으로 어부들의 어로생활과 어촌민속을
글과 사진으로 기록하는 연구위원으로 활동하는 한편,
프리랜서 사진작가이자 해양수산칼럼니스트로 여러 매체에 글과 사진을 싣고 있다.

저서 및 공저
『배 저어라 어기여차』 (기탄교육)
『세계문화유산 우리 풍어제』 (도서출판 마루벌)
『우리바다 바다별미』 (도서출판 다른세상)
『바다사진 촬영여행, 기가 막히다』 (한국어촌어항협회)
『인생2막 어촌이야기-2집』 (귀어귀촌종합센터)

사진작업
『위도띠뱃놀이』 (국립문화재연구소), 『법성포단오제』 (국립무형유산원),
『황도붕기풍어제』 (국립민속박물관), 『태안설위설경』 (국립민속박물관),
『큰 무당을 위한 넋굿』 (국립무형유산원), 『GUT-영문 한국의 굿』 (국립무형유산원),
『김용택 오구굿-한국의 무가19』 (민속원), 『선학리지게놀이』 (국립민속박물관),
『가곡』 (국립문화재연구소), 『선소리산타령』 (국립문화재연구소),
『영덕의 별신굿』 (영덕문화원), 『굿과 음식-구계별신굿』 (국립문화재연구소) 등

사진 낚는 어부, 바다를 담다

겨울 편

글·사진
김상수

민속원

머리말

1980년대 초부터 현재에 이르기까지 우리 어부들의 바다생활과 조업현장을 생동감 넘치는 글과 사진으로 기록한 결과물을 세상에 내놓는다. 각 페이지마다 어부들과 동승해 나간 바다 위에서 나름의 사명감과 의무감을 바탕으로 꼼꼼하게 기록한 글과 사진들로 채워 넣었다. 특히 세간의 주목 한번 받아보지 못한 채 동서남해안 어촌과 섬마을에서 이미 사라져버린 우리 전통어업을 생생한 글과 다큐멘터리 형식의 사진으로 담아낸 소중한 내용도 여럿 포함되어 있다.

우리바다에서 고기잡이에 몰두하는 어부들의 숫자는 해마다 급감하고 있다. 일예로 전남지역 어부들의 수는 50년 전에 비해 10분의 1로 줄었다는 통계가 발표되어 수산업계가 충격을 받기도 했다.

이렇게 우리 바다에서 고기잡이를 하던 어부들이 줄어든다는 것은 결국 오랜 세월 동안 이어져온 전통어업은 물론 근현대에 이르는 조업방식까지 우리 곁에서 사라진다는 것을 의미한다. 이미 조업 현장에서는 소멸했고, 박물관 등에 축소모형으로만 겨우 남아있는 어업의 종류나 조업방식도 많다.

이렇게 우리바다와 갯벌에서는 완전히 사라졌으되, 필자의 글과 생생한 사진으로 남아있음은 스스로 다행한 일이라 생각한다.

일엽편주 어선 위에서 어부들과 함께 며칠밤낮을 부대끼며, 40년 넘게 버티다보니, 어부들에게는 밥을 함께 먹는 식구로 받아들여졌고, 다큐멘터리 전문지 월간 지오의

송수정 편집장은 필자소개 지면에서 '사진 낚는 어부'라는 별명을 붙여주었다. 그런 중에 바다 위에서 글과 사진으로 현장을 기록해온 필자의 작업 결과물은 어업입문서, 어촌교양서로도 부족함이 없으며 나아가 어촌박물지로도 손색이 없다고 자부한다. 사진 촬영시기와 계절별 어기漁期는 지금과 맞지 않는 경우가 있음을 밝힌다.

틈날 때마다 어촌여행을 떠나거나 동네 횟집이라도 찾아가야 직성이 풀리는 이들에게도 일독할 만한 내용만을 골라내 꼭꼭 눌러 담았다. 도시에서 생활하며 바다와 섬을 그리워하는 이들에게는 '바다를 보는 또 하나의 창'이자, '바다로 가는 또 하나의 문'이 되기를 희망한다.

누구보다 이 책이 나오기까지 큰 힘이 되어준 아내 김정희 리디아를 비롯한 가족들에게 무한한 사랑과 감사한 마음을 전한다.

어촌에서 벌어지는 풍어제 현장에서 만나 이십여 년이 넘는 세월을 함께해온 친구이자 국문학자인 이균옥 박사는 어촌민속 전문가의 시선으로 원고를 세세히 살펴봐줬고, 죽마지우 이재화는 바다여행을 즐기는 도시인의 시각으로 꼼꼼하게 내용을 짚어주었음에 감사한 마음을 가슴깊이 간직하려 한다.

2022년 11월 21일
사진 낚는 어부 김상수

머리말 004

01 | 삼치
남도 어부들의 가멸찬 겨울
끌낚시 삼치잡이
011

02 | 조기
먼 섬, 어부들이 흘리는 귀한 땀
남도 조기잡이
035

03 | 명태·도루묵
두 세기 이어온 거진 어부들의 최북단 조업
명태·도루묵잡이
077

04 | 문어
단지와 돼지비계의 유혹
전통 문어잡이
109

05 | 홍어
흑산홍어, 그 높은 콧대를 꺾다
주낙어선 한성호 어부들과 보낸 이틀
133

06 | 홍게
북방어장 자망 홍게 맛 대對
대화퇴 통발 홍게 맛
153

07 | 아귀
바다 속 못난이, 아귀
음험한 어구漁具에 걸리다
175

08 | 방어
꿈속에서도 몸서리친다는 '못살포' 손맛
모슬포 방어잡이
187

09 | 양미리

따야하고 벗겨야 하고

그물코마다 양미리가 꽂히다

205

10 | 정치망

새벽 출근, 아침 퇴근

점잖은 어부들의 점잖은 고기잡이

215

11 | 대구

어판장에 대물이 넘치는 겨울

외포어부들의 대구잡이

239

12 | 청어 · 참가자미

자망바리, 부창부수夫唱婦隨

서른두 번째의 겨울바다에서 참가자미를 잡다

255

13 | 대게

판장에 펼쳐놓은 붉은 꽃

왕돌초 영덕대게 대對 왕돌짬 울진대게

271

14 | 개불

'프로페셔널' 개불잡이

손도해협의 풍선 어부들

293

15 | 뚝지

동해東海 겨울효자

양양어부들이 잡아내는 '신통방통' 심퉁이

307

16 | 물메기

생김새와 달리 예민한 남해南海 물메기

천적天敵은 대나무통발이다

319

17 | 꼬막

벌교 갯마을 아낙네들의 애물단지

꼬막과 뻘배

341

사진 낚는 어부, 바다를 담다

겨울

겨울

01

삼치

남도 어부들의 가멸찬 겨울
끌낚시 삼치잡이

섬과 갯마을의 '파시波市'란 제철 갯것이 넘쳐날 때 팔려는 이들의 어선과 사려는 이들이 몰고 온 크고 작은 상고선운반선들로 바다 위에서 북새통을 이루며 섰던 장터다. 위로는 연평도에서 아래로는 흑산도까지 조기 떼의 북상을 따라 열렸던 조기파시와 함께 대표적이었던 게 멸치파시와 고등어, 삼치파시였다.

이런 이야기를 듣다보면, 섬이던 갯가든 간에 파시가 겹치는 것을 눈치 챌 수 있다. 멸치파시 다음에는 고등어파시, 그리고 다시 삼치파시로 이어지는 일정한 계절 패턴. 노어부들의 이에 대한 설명은 간단하다. 떼로 몰려다니며 바다 속을 휘젓던 멸치 떼는 고등어가 몰려오면 '앗 뜨거워라'하며 연안 가까이 대피를 하는 것이다. 멸치 떼를 뒤쫓던 고등어 떼 역시 잠시 뒤면 삼치를 피해 연안으로 몰려들고 이를 잡아내려는 어부들의 손길이 바빠지면서 파시가 선다는 것이다.

그런 한 시절, 이 나라에서 유명세를 탔던 삼치파시는 서 남해안 여러 포구에 들어서곤 했다. 서해안에서는 전북 부안군 위도 파장금항이 그리고 늦가을의 남해안에서는 나로도 축정항과 완도군 청산도에 서는 삼치파시가 그 중 손꼽혔었다는 것이다. 나로도 노어부들의 회상인데, 과거형인 까닭은 파시라는 명칭이 무색한 현실이기에 그렇다.

잡아낸 삼치를 갈무리하는 단독조업 어부

　세월 따라 바다 사정이 변한 지금도 10월이면 나로도 축정항에 삼치가 심심찮게 올라오긴 하지만 '파시'라 이름 붙이기에는 뭣한 정도라는 거다. 나로도 젊은 어부들의 말인데, 지지난해보다는 지난해가, 지난해보다는 올해 삼치 어획량이 형편없이 줄어들고 있는 추세라는 것이나, 그나마 끌낚시 어선 자체가 소멸되어 간다는 청산도보다는 나은 형편이라던가.

삼치, 섬 어부들의 '공감미끼'에 걸려들다

여러 섬마을의 조기파시도 그렇다지만, 예로부터 청산도 역시 고등어와 삼치파시를 근

겨울 초입의 추자바다를 헤매고 다니며 삼치를 찾는 추자도 끌낚시 어부들

공갈미끼라 불리는 인공미끼는 알루미늄 등 반사가 잘되는 재질로 수중에서 반짝이며 삼치를 유혹한다.

간으로 하는 어업전진기지였다. 교과서에까지 등장할 정도의 대단한 어획량을 보였던 곳이기에 그 서운함이 더하다는 게 오늘의 청산도 어부들이다.

지난 70년대만 하더라도 고등어 철부터 시작해 삼치 성어기를 맞기까지 청산도항에는 크고 작은 유자망 어선들과 끌낚시 배 등 타지 어선들이 들어차 북새통이었다. 막상 청산 어부들이 어선 정박시킬 자리를 찾느라 애를 먹을 정도였고, 이들이 잡아낸 싱싱한 삼치를 일본으로 실어 내가는 상고선도 부지런히 비집고 들어왔다는 얘기다. 판장 바닥에는 다시 바다로 되돌아갈 듯 싱싱한 삼치 무리가 켜켜이 쌓였고, 그 한쪽에서는 이를 일본으로 수출하기 위해 냉장 포장하는 이들로 발 딛을 틈이 없었다던가. 덩달아 제빙공장은 밤늦은 줄 모르고 제빙기를 돌려야 했기에 그 소음으로 밤잠 설치기가 예사였다는 게 청산항 주변 사람들의 회상. 삼치를 그득 실은 상고선 대부분은 일본으로 건너가는 거였다. 섬 어부들이 술안주 삼아 몇 마리 써는 삼치 말고는 일본사람들의 입맛만 호사시켰다는 청산 삼치다.

삼치잡이 유자망 어부들은 여명이면 이미 청산도 앞 바다로 나가 그물을 드리웠는데, 삼치가 가장 활발하게 움직이는 시간은 새벽녘인 까닭이다. 이윽고 해 꼭대기가 수평선을 뚫고 올라오며 사위가 밝아지기 시작하면 곧바로 양망을 서둘렀다. 청산 바다에서 이때를 맞춰 그물을 내리고 올리던 유자망 어선만 수십 척. 끌낚시가 아니라 대부분 유자망으로 삼치를 잡았다는 얘기는 청산도 주변바다에 삼치가 그만큼 많았다는 것이다.

삼치만 넘쳐난 게 아니다. 작은 섬치고 술집도 넘쳐났다. 잡아낸 삼치가 판장을 뒤덮다시피 했다면 술집 여인들의 분 냄새와 장단을 맞추는 젓가락 소리가 온 섬 안에 진동했었다던가. 그 무렵의 청산도 분위기를 기억하며 입맛만 다시는 노어부들이 많다.

이런 '삼치파시'가 전설이 되어버린 요즘의 청산도. 그래도 9월 중순이 넘어서면 어선 좌·우현에 대나무 낚싯대를 날개처럼 펼친 대나무끌낚 어부들이 찾아와 삼치잡이에 나서면서 청산도 파시의 어제를 기억하게 해준다던가.

반면, 제철이면 어김없이 삼치파시 분위기를 이끌어 내는 곳은 추자도라 하겠다. 물론 통영이나 여수 판장에도 삼치는 올라온다. 쌍끌이저인망이나 대형 정치망 등에서 잡힌 '그물 삼치'들이 판장 바닥에 늘어선다. 그러나 추자도 판장에 주르륵 깔려서도 여전히 은빛을 발하는 삼치는 '주지식' 삼치낚시에 걸려 올라온 놈들이다. 끌낚시를 현대화한 삼치잡이가 '주지식'인데, 이로 낚아낸 삼치는 그 선도가 그물 삼치에 댈게 아닐 정도로 싱싱한 채로 냉장 포장에 들어가는 것이다. 운반선에 실려 간 일본에서도 회로 먹을 수 있을 정도의 선도라 했다.

90년대 이후 추자도 어부들이 삼치를 잡아내는 이 지주식 낚시는 본래 어법인 끌낚시처럼 실제미끼를 사용하지 않는다. 대신 큼직한 낚시에는 광택 비닐이나 비닐, 은박지로 만든 긴 삼각 꼴의 인조 미끼가 화려하게 달려있는 것이 특징이다. 어부들에 따라서는 고등어새끼를 쓰는 이도 있다지만, 거개의 추자토박이 어부들이 '공갈미끼'라 부르면서 애용하는 것은 바로 이 인공미끼라는 것이다.

롤러에 감긴 150발, 그러니까 250미터에서 300미터 길이 안팎의 와이어 모릿줄에는 간간이 납추가 달려있고, 또 그 사이마다 70줄에서 많게는 100줄의 아릿줄이 달려

있다. 물론 그 끝에는 인공미끼와 날카로운 발톱을 빛내는 낚시 바늘이 살벌하게 매달려 있기 마련이다.

추자도 삼치잡이 어부들을 따라 늦가을 바다로 나섰다.

"가을 삼치어군이 몰리는 곳은 하추자와 제주 사이 관탈도 부근 바답니다. 이 무렵이면 어느 바다에 삼치가 몰려든다는 것은 그간의 경험으로 알지만, 요즘 삼치를 찾아내는 주인공은 어탐기입니다. 일단 삼치 무리의 위치를 파악하는 게 먼저 할 일이죠. 몇 년 하다보면 '고수'가 다 되죠. 기본적으로 바다를 아니까. 어탐기에 나타난 색깔만으로도 삼치다 아니다는 알아채야 삼치 좀 잡겠다 합니다. 암튼 일단 삼치 떼를 발견하면 다음부터는 종일 전속 항진하는 게 일이죠."

삼치잡이 조업선장의 말인데, 승선어부는 단 한명. 관탈바다에서 만난 수십 척의 추자도 선적 삼치잡이 어선들은 만만치 않은 파도 속에서도 너나없이 전속항진을 하며 삼치를 유인하고 있었다. 물론, 한 사람은 키를 잡고 한두 명의 어부는 고물 쪽에 선 채로 각자 길게 늘어뜨린 낚싯줄을 잡고 있는 식이다.

전통 끌낚시 역시 조업 형태만 다를 뿐이라 했다. 어선 좌 우현에 '뻗힘대'라 하여 긴 대나무 낚싯대를 한껏 뻗혀 놓고는 적당한 간격으로 모릿줄을 묶고 미끼와 낚시 바늘이 달린 아릿줄을 연결하는 방식. '뻗힘대' 대신 롤러를 채용한 게 주지식이라 보면 될 것이란 설명이다. 물론 끌낚시에도 '잠강판'이라 하여 쇠판을 달거나 혹은 납추를 달아 낚싯줄이 적당한 수심 속에 가라앉은 채로 끌리게 하는 것이다.

전속항진하다 보면 어느 틈에 미끼를 문 삼치의 몸부림을 감으로 알게 된다던가. 1미터 안팎인 삼치의 입장에서 보면 자존심이 상할 터이지만, 학자들은 삼치를 농어목 고등어과로 분류해 놓고 있는데, 그 성질은 큰 덩치와는 어울리지 않게 보통 급한 게 아니다. 이런 삼치나 비슷한 크기의 방어는 자기보다 빠른 무엇이 있으면 기어코 따라잡고 본다는 승부욕이 고약할 만큼 강한 어종. 이를 이용하는 게 주지식 삼치잡이인데, 인조 미끼를 큼직한 멸치나 새끼고등어로 알고 달려든다는 것이다. 이 삼각 꼴의 인조 미끼는 배가 달리면 달릴수록 물속에서 뱅뱅 돌면서 반짝이기 마련이고, 이를 먹이로 알고 쫓아온 삼치는 그 큰 입을 벌려 한 입에 삼키고 마는 것이다.

좌 속도경쟁을 좋아하는 삼치가 따라붙기를 바라며 배를 몰아간다.
우 막 낚아챈 삼치를 끌어올리고 있다.

    진짜 일은 이때부터다. 일단 롤러로 모릿줄을 감은 다음, 먹이가 아님을 눈치 챈 삼치가 탈출을 꾀하며 줄을 물고 버티는 동안 어부들은 오로지 자신의 완력만으로 줄을 잡아당겨 힘으로 제압해야 하는 것이다. 낚싯줄은 간간이 와이어로 연결되어 웬만한 무게에도 너끈히 견뎌낸다지만, 사람의 몸이 버텨내기가 여간 어려운 일이 아니다. 1킬로그램 안팎의 삼치는 그냥 저냥 올릴만하다지만, 길이만 1미터 안팎에 그 무게가 4~5킬로그램은 됨직한 삼치가 물리면 그야말로 사투를 벌이듯 해야 한다 했다.
    이렇게 몇 마리를 건져 올리고 난 뒤면 '갑바^{방수복}' 속은 온통 땀 천지가 되고, 다시 전속으로 달리는 배 위에서 늦가을 찬바람에 급속도로 그 땀이 식어버리니 웬만한 체력이 아니면 연 이틀 조업이 무리라는 게 엄살만은 아니지 싶다.

잡아낸 삼치를 위판장으로 옮기는 어부들의 이런저런 모습들

그 무렵, 삼치잡이에 나선 추자도 어선은 100척 안팎. 한 척당 자선장이자 어부 역할까지 도맡아해야 하는 '독선'에서 많게는 세 명까지 승선하는 웬만한 크기의 어선까지 합하면 줄잡아도 200명이 넘는 추자도 어부들이 파도 드센 관탈바다에서 삼치와 줄다리기를 하고 있다는 어림셈이다.

이렇게 해서 추자도 어부들이 잡아내는 일일 어획량은 척당 100킬로그램 정도. 하루 1만 킬로그램의 삼치가 추자도 판장에 쌓이게 되는 것이다. 그 무렵의 위판가격이 1킬로그램 당 6000원에서 7,000원 사이였으니, 나름대로 재미가 있겠거니 여겨졌었다.

한편, 추자 삼치잡이 어부들이 점잖지 않은 겨울바다에서 추자항으로 되돌아온 뒤에 삼치를 판장에 옮기는 일도 장난이 아니다. 대단한 무게 때문이다. 속까지 얼어붙는 듯 추위에 시달린 삼치잡이 어부들은 그 겁나는 무게의 삼치를 판장까지 옮기느라 다시 한 번 진을 빼야 한다.

위판을 마친 삼치는 곧 냉장 작업에 들어간다. 이렇게 해야 어부들이 애써 잡아낸 삼치가 일본까지 들어가

끌낚시 어부들이 잡아낸 삼치가 추자도 수협 위판장 위에 수북하게 깔려있다.

횟감으로 환영받기 때문이라는데, 이듬해 3월까지 바다가 잔잔한 날이면 매일이다시피 이런 작업을 되풀이하다보니, 허리통증 등 '직업병'이 생긴 추자 남정네가 숱하다.

삼치잡이 어부들이 끌탕하는 것은 삼치 수출가격. 15년 전부터 얼어붙은 듯 변함이 없기 때문이다. 그럼에도 생산량의 거의 전부를 일본수출에 의존할 수밖에 없는 게 현실. 뭍으로부터 먼 섬에서 잡히다보니 활어횟감으로 삼치를 올려 보낼 수도 없는 노릇인데다가 국내에서는 제대로 된 삼치시장이 형성되지도 않기 때문이다. 이름만 삼치라 할 정도로 작은 놈을 구워낸 정도 밖에 모르는 대도시 사람들임에랴.

반면, 추자도 안에서 횟감으로 풀리는 삼치는 대접이 다르다. 판장 한 쪽, 잘게 쪼갠 얼음 반 바닷물 반이 들어있는 큼직한 함지박에 몇 마리씩의 삼치를 담근 채 두어 시간 놔둔다. 숙성도 시켜야 하지만, 쨍할 정도의 살맛을 유지하기 위한 방법이라 했다.

전남 정치망 어부들의
'그물삼치 한 방'

전남 여천군 돌산 포구. 여섯 틀의 정치망 어장 어선들이 정박해 있는 곳이다. 10월 하순의 오후 세시, 각 어선에 승선할 어부들이 모여든다. '오후물 보러 갈 시간'이 된 것이다. "정치망인데, 오후 물을 보러 가다니?". 여수가 아니라면 바다에 웬만큼 익숙한 이들도 고개를 갸우뚱할 일이다. 동해안 정치망 어선의 조업현장 경험이 있는 이들이라면 더욱 이상하게 여겨질 것이다. 그러나 전남 정치망 어부에게 오후 물 보기는 늘 있는 일이요, 삼치가 많이 나는 때에는 하루 세 번씩 어장에 들어가는 일도 잦다.

청해호 어부들도 아침 8시, 곧 아침 물때에 맞추어 이미 어장에 한차례 다녀왔다. 청해호의 정치망 어장은 돌산에서 1시간 거리로 소리도 동쪽에 위치해 있다. 다시 비교가 되지만 강원도나 경북의 정치망 어장이 멀어야 30분 거리 안쪽에 있는데 비하면, 엄청 먼 거리인 셈이고, 그런 만큼 어선마다 온갖 전자 항해장비와 어로장비가 완벽하게 구비되어 있다.

전남 정치망 어부들이 잡아내는 것은 오로지 삼치이다. 물론 먼 바다이니 어장에 들어오는 고기가 따로 있을까마는 이들이 기대하는 것도 삼치 풍어요, 또 어망에 드는 거개의 어종이 삼치라는 얘기다.

잡아낸 삼치 등 어획물을 정리하며 두번째 어장을 향하는 전남정치망 어부들

일정한 거리를 두고 어장을 향해 전속 항진을 하던 두 척의 청해호가 서서히 멈추면서 스크루를 끌어올린 시간은 4시 5분. 바다에 맞바람이 불어 다른 날 보다 5

그물 속에 그득한 물고기들

분쯤 늦게 어장에 도착했단다. 바닷바람을 피해 선수에 몸을 숙이고 있던 세 명의 어부와 배를 몰던 이가 방수작업복을 입고 조업 채비에 나선다. 같은 방향에서 일직선이 되게 선수를 맞대고 있는 창해2호에도 선장을 포함한 네 명이 전부이니, 어장 한 틀 당 단지 여덟 명의 어부만으로 조업을 한다는 얘기다. 전남 정치망 어부들도 한 시절에는 스무 명의 어부가 동원되어야 조업이 가능했었다. 그러나 끊임없는 어구개발과 생력화로 승선인원 감축에 성공을 한 이즈음에는 이 여덟 명으로 조업이 충분하다는 것이다.

"난류를 따라 회유하는 어종 중에서도 특히 삼치를 어획대상으로 하니, 어장의 구성은 다른 지역과 크게 다르지 않습니다. 어군 이동로에 긴 길그물을 설치하여 어군의 진로를 차단하는 것이나, 길그물에 연결된 우리 안으로 유도해서 잡아내는 것도 그렇고요. 특히, 동해안 보다는 좀 먼 거리에 어장이 있다는 게 다르다면 다를 뿐, 로프나 뜸, 닻, 멍 따위로 사개_{신망부자부(뜸개)}를 부설하고 이 사개에 길그물이나 헛통, 원통이며 자

어획물 중 삼치를 골라낸 송선어부의 환한 미소

좌 일출 전에 출어하는 정치망 어선. 승선어부 중 베트남과 캄보디아 출신 젊은 어부들이 고물에 앉아 배멀미를 참아내고 있다.
우 뱃길 한 시간의 어장에 도착해 양망을 서두르는 어부들

루그물을 설치하는 것은 매한가지지요."

"길그물에 의해 통로가 차단된 채 따라 들어온 삼치 떼는 헛통 속에 모여 선회를 계속하다가는 비탈그물을 통해 원통 속으로 유도 된다 했다. 이를 양망할 때에는 비탈그물과 원통의 연결부에서부터 그물 살을 추려가다가 원통 끝의 고기받이 자루그물를 들어 올리면 조업이 끝난다"는 것이다.

비교적 간단한 설명에 비해 현장에서 본 조업 모습은 다른 지역 정치망 어부들의 조업 광경에 비해 색달라 보였다. 동해안 등의 경우에는 양망 작업을 사람의 힘으로만 하거나, 혹은 크레인을 설치해 작업하는 게 대부분이다. 반면, 해창호 사람들은 이 줄을 당겼다가는 롤에 묶고, 다시 저 줄을 당기면서 이 줄을 풀고 하는 동작이 연속적으로 이루어지고 있는 게 인상적이었다 할까.

그런 중에도 길그물을 따라 들어오던 두 척의 어선은 헛통과 원통부분으로 가까워질수록 다가서다가는 고기떼가 모이는 자루그물 곧, 고기받이에서 서로 옆구리를 맞붙일 정도로 달라붙어 어획물을 퍼 담는 것이다. 삼치 조업 끝 무렵이니 이날 어획량은 어상자로 10개 정도. 한창 때에 비하면 잡은 것도 아니라던가.

상 그물 속 포위망을 좁혀가는 어부들
중 그물 속에 삼치 등 어획물을 가두었다.
하 승선어부들이 어획물 중에서 소삼치를 골라 컨테이너에 담고 있다.

그러구러 여수 정치망 어선에 다시 승선 한 것은 10년도 더 지난 2011년 9월의 일이다. 돌산 정치망 어장에 삼치가 비치기 시작했다는 소문에 부리나케 쫓아내려갔다. 승선 약속장소는 돌산 임포항. 여러 틀의 정치망 어선들이 정박해 있는 이 포구에서 동시에 엔진시동 소리가 울린 것은 새벽 5시다. 일순 동남아 장바닥인 듯 시끌벅적 해진다. 중국어도 들리고, 더 낯선 말도 들린다. 캄보디아와 인도네시아, 베트남 말까지 섞여있다 했다.

전남 정치망 어선 청해호 여섯 명 선원 중 셋은 중국, 한 명은 캄보디아에서 들어 온 어부. 자선장 조선현 씨와 그 동생만 우리 어부다. 청해호의 정치망 어장은 돌산 임포항에서 한 시간 남짓한 거리, 남면 소리도 등대 주변 바다라 했다. 예로부터 '기름기 좔좔 흐르는 가을삼치'가 많이 잡혀 끌낚 삼치와 더불어 수입해간 일본사람들 입맛 호사시켜 주던 삼치어장이라 던가.

"다른 지역에 비해 어장이 비교적 먼 바다에 설치되어 있으니 뜻하니 않은 손실도 드물지 않게 발생합니다. 지난 5월 중순, 돌산읍 대단등대 동쪽 2.5킬

그물 속 어획물이 갑판 위에 쏟아지고 있다.

상 삼치와 소삼치, 고등어와 전갱이가 뒤섞여있다.
중 전남 정치망 청해호 조선현 자선장
하 해성호 승선어부가 대삼치를 들어보이며 환히 웃는다.

로미터 해상에 설치되어있던 동료의 정치망 어장이 파손되는 사건이 발생했었습니다. 정상적인 항로에서 벗어나 운항 중이던 파나마국적 1만 7000톤급 철광석운반선에 의해 발생한 것이지요. 해경 경비함정이 추적 끝에 결국 검거했으나, 피해 어부들이 다시 어장을 꾸미기까지 돈 손해, 시간 손해 등등 손실이 이만저만이 아닙니다." 조 선장의 끝탕이다.

10년 넘게 세월이 흘렀지만, 청해호를 포함한 전남 정치망수협 어부들이 여전히 주목하고 좋아라하는 어종은 삼치라 했는데, 그런 삼치가 제법 난다는 얘기에 촬영욕심이 난다. 일출 무렵, 청해호가 선속을 줄이자 이미 방수작업복을 덧입고 여기 저기 공간에 앉아 모자란 새벽잠을 청했던 어부들이 재빠르게 일어나 각자의 위치로 간다. 다국적 어부들도 숙달된 몸짓으로 제자리를 잡고 로프를 걸어 올리기 시작했다.

승선어부들의 동작이 연속적으로 이루어진다. 손발을 척척 맞추는 외국인 어부들도 어색함이 없다. 이윽고 청해호 우현에 그물이 올려지고, 고기받이와 맞닿을 듯해서야 양망 기본 작업

야간 조업에 이어 새벽 조업을 마치고 귀항한 어부들이 돌산포구에서 선별작업을 하고 있다.

이 끝났다.

"반갑다, 삼치야!"

캄보디아 어부가 장난삼아 서툰 우리말로 외쳤다.

그물 속에 얼핏 보기에도 열 마리 안팎의 삼치가 들어있던 것이다. 나머지는 전갱이와 고등어가 대부분. 솔직히 그만해도 반갑다 했다. 작년에 같은 시기에 비해 삼치 어획량이 많이 줄었다는 설명. 어느 어종이나 그물에 많이 들면 신나라 하는 게 어부들의 생리 아니던가. 들대 그득하게 담긴 전갱이며 고등어를 퍼 올리는 다국적 어부들의 팔뚝에 힘줄이 불끈 솟아있었다.

이물에 퍼 올린 어획물 중 선순위로 골라내는 어종은 단연 삼치. 그 중에서도 어부들이 '대삼치'라 부르는 크기다. 이어 '소삼치'와 고등어, 병어 등등 선어로 괜찮은 값을 받을 수 있는 어종을 어상자에 담아 갈무리 하고 나서야 전갱이를 어상자에 퍼 담는다. 대부분의 전갱이와 잡어는 생사료용. 전남정치망수협에서 시도 때도 없이 어부들이 잡아오는 족족 전량 수매해서 냉동가공공장에 입고해 두면, 이를 필요로 하는 양식어부들이 수시로 들여간다는 설명이다.

청해호가 조업을 마무리할 즈음, 바로 옆에서는 거수2호 등 두 척의 어선 어부들이 참다랑어를 이송하기 위한 작업에 땀을 흘리고 있었다. 칠팔월에 청해호 어부들이 잡아 외해가두리에 넣어두고 잘 관리해왔던 120마리의 참다랑어다.

"가두리 채로 끌고 가야하니 내일 밤쯤 거문도에 도착할 갑 겁니다. 선속을 조류에 맞춰 운항해야 그물 속에 든 참치가 스트레스를 받지 않거든요. 국립수산과학원에서 시험양식 용으로 부탁했던 참다랑어지요. 우리 정치망에는 이미 이십여 년 전부터 참치가 잡혔죠. 아마 그 이전에도 잡혔을 겁니다만, 제가 정치망 어업을 시작한 그때 참치가 잡힌다는 것을 비로소 알게 되었으니까요."

조 선장의 설명인데, '세간에는 최근 들어 참치가 잡히는 것처럼 호들갑들을 하지만, 전남 정치망 어부들의 입장에서는 가당치도 않은 보도라 했다. 참다랑어를 잡은 게 어제 오늘얘기가 아니나, 잡힌 참다랑어가 상품가치가 있는 정도의 크기에 미치지 못하다보니 판장에 올리지 않았을 뿐이라는 것이다.

조 선장이 이렇게 잡아낸 삼치 중 일부는 여수 국동 소재 횟집 '동해선어'로 옮겨간다. 부인 이명순 씨가 주인 겸 주방장. 특이하게도 산고기 대신 선어鮮魚 회만 전문적으로 취급하는 횟집의 손맛 주인공이다. 곧바로 삼치 손질에 들어간 이명순 씨. 딱 회로 먹을 부위만 남겨 얼음에 채워둔다. 입맛 까다로운 단골들이 몰려드는 때는 오픈시간인 오후 네 시부터고 이때가 삼치살 맛이 제대로 날 때이기도 하다.

삼치회는 '혀에서 씹힌다'

요즘 웬만한 대도시면 몇 개씩 들어서 있기 마련 인 게 대량으로 잡혀 소금 간 해 올라왔던 고등어며 갈치 같은 어종들을 회로 내는 전문점들. 예전 같으면 뭍에서 맛볼 염도 못했던 횟감들인데, 활선어 운송수단이 발달한 결과겠다. 그럼에도 미식가들의 한결같은 의견은 회는 '섬맛, 갯맛'이라는 얘긴데, 어떤 어종이든지 바로 잡아낸 어촌에서 회쳐 먹어야 제 맛이 난다는 주장. 삼치회도 마찬가지다. 아직 뭍에서 삼치회를 내는 전문점은 없는 듯한데, 갈치나 고등어처럼 싱싱한 채로 운반할 방법이 없는 까닭이겠고, 뭍의 사람들에겐 삼치하면, 그저 구이나 졸임 정도가 전부다.

추자도나 나로도 어부들이 주로 끌낚시로 잡아내거나, 거문도 갈치채낚기 어부들이 한밤중 집어등 불빛 아래서 낚아낸 삼치는 훌륭한 횟감. 삼치는 11월 말부터 제 맛이 들고 3월까지가 제철로 그 중에서도 60~70센티미터 크기가 가장 맛이 있다던가.

이런 삼치회를 즐기는 이들은 거개가 나이 지긋한 연령층이다. 삼치 파시 시절 '쇠고기 보다 삼치회'라며 맛을 들였거나, 아니면 치아 상태가 썩 좋지 않을 경우. 어느 경우든지 삼치회를 먹을 때 다른 횟감처럼 씹어 삼키는 이는 없다. 씹을 새도 없이 저절로 목구멍으로 들어가는 게 바로 삼치회이기 때문. 하여 삼치회는 '혀로 씹는다'던가 '목구멍 안에 넘어가

추자도에서는 밥반찬으로도 먹는 삼치회

삼치뼈 육수에 살짝 데친 삼치 껍질숙회

면서 씹힌다'는 찬사가 우리 바다에 난무한다.

살이 무르니 회칼을 많이 잡아본 이가 저며 썰어내야 하는데, 이렇게 저며 썰어내야 입안에 들면 말 그대로 살살 녹는다. 잡자마자 얼음물에 냉장을 하는 이유이기도 하다. 추자 나로 거문도 등 섬마을 사람들은 '일 배, 이 꼬리'라며 삼치회의 맛있는 부위에 순서를 매기는데, 특이한 것은 등살은 별로라는 것.

더불어, 삼치는 다른 생선회처럼 '고추냉이 간장'에 찍어 먹거나 초고추장에 먹는 회가 아니다. 제 맛이 든 조선간장이 있으면, 여기에 참기름과 고춧가루, 참깨를 넣은 양념장에 먹어야 제 맛이 난다는 것. 조선간장이 만만치 않으면 조미간장에 참기름·고춧가루·참깨를 듬뿍 넣어 먹어도 좋고, 묵은 김치가 있으면 그 이파리에 싸 먹어도 맛이 썩 좋다는 게 추자 아낙네의 귀띔이다.

추자 사람들은 "바다에 찬바람이 돌면, 삼치회 맛 그리워 입에 침이 고인다"는 말로 삼치회의 진미를 표현하는데, 회라 하면 반찬이라기보다는 술안주로 상에 오르지만, 삼치회만은 다르다. 밥반찬 겸 술안주로 식구들의 밥상에 올리는 것이다. 금방 지어낸 따스한 밥에 양념장 찍은 삼치회 한 점을 올리면 밥알까지 덩달아 술술 넘어가게 된다던가.

그야말로 '호사스런' 맛. 덩치가 웬만하니 한 마리 썰어놓으면 너나없이 회를 즐길 듯하지만, 그 보드라운 맛에 밥 몇 술, 술 몇 잔이면 금새 오간 데 모르는 게 바로 란다.

아쉬운 것은 추자 나로 거문도 등 섬 생산지가 아니면 아직 맛 볼만한 곳이 마땅치 않다는 것. 지방 함량이 높은 대신 EPA·DHA 등 건강에 유익한 불포화지방이 많이 포함돼 있어 몸에 이롭고, 그 지방기 덕에 회가 제 맛이 난다. 더욱이 삼치살에 많이 들어있는 DHA는 치매·고혈압·심장마비 같은 성인병 예방에 좋고, 항암 능력까지 갖추었다니 세 섬에 찾아가 회든 구이든 조림이든 많이 먹고 볼일이다.

이런 삼치를 주제로 내세운 맛 골목도 있으니 동인천 삼치골목이다. '삼치구이만 45년 원조집'부터 '10년 된 막내 삼치'까지. 시도 때도 없이 오가는 이로 분주한 동인천역

동대문시장 생선구이골목 삼치백반

주변. 마침 곁을 지나치는 나이 지긋한 이가 인천사람이다 싶으면 길을 막고 '삼치…'하고 물어 보라. 바로 답이 나올 터인데, 삼치하면 '참치'요? 하고 되물으며 이름 구별부터 헷갈릴 서울 사람들과는 사뭇 다를 터. '인천짠물'이면 다 안다는, 이름 하여 '삼치골목'을 입맛부터 다시며 알려 줄 것이니.

겨울

02

조기

먼 섬, 어부들이 흘리는 귀한 땀
남도 조기잡이

해마다 정월 초이틀에서 보름에 이르는 동안 서해안 갯마을 섬마을 곳곳에서 풍어굿이 펼쳐진다. 옹진군 연평도와 김포 대명리, 충남 당진 안섬과 태안 황도, 전북 부안 위도 등이 대표적이다. 마을마다 제의명칭은 달라도 이들 굿판에서 어부들이 기원하는 것은 한결같다. 오로지 '조기풍어'인 것이다. 먼 바다에서 보름 이상씩 머물며 조기를 대량 어획하는 안강망 어선 어부들도 조기풍어를 기원하는 것은 마찬가지다.

'동중국해 회유로에서 일찌감치 대형 그물에 깡그리 잡혀버리니 참조기 구경을 한

좌 위도 대리마을 어부들은 해마다 조기철을 앞두고 띠뱃굿판을 벌였다.
우 안강망어선 풍어제 중 송순단 만신의 고풀이. 조기를 대량으로 잡아내는 안강망 어부들도 조기 풍어를 기원한다.

것이 언제였는지 기억조차 나지 않는다'는 연안 어부들. 그럼에도 제관의 축문과 무당의 축원, 어부들의 배치기소리에 이르기까지 빠짐없이 '조기풍어'가 등장하는 이유는 뭘까? 단순히 전례前例를 따르는 것만은 아닐 터. 남녘바다 유자망 어부들은 오늘도 참조기를 목표로 바다로 나선다.

가거도 유자망 조기잡이 어부들의 늦가을

한 달을 두고 짝숫날, 그것도 먼저 바다 사정이 웬만해야만 뭍과 섬을 오가는 뱃길이 허락되는 우리 최 서남단 섬 가거도. 난다하는 쾌속선을 타고도 네 시간 반쯤은 파도에 시달려야 닿을 수 있는 머나 먼 섬이다.

좌 선장의 투망 지시에 몸을 재게 놀리며 바다를 향해 그물을 던지는 승선어부들
우 투망. 빠른 속도로 가거도와 만재도 사이 바닷속으로 빨려들어가는 유자망 그물

그물이 무겁다해서 참조기가 많이잡힌 것은 아니다. 가거도와 만재도 사이 바다에 내린 그물에는 불볼락도 걸리고 갈치도 엉킨다.

상 승선어부들이 어장기를 건져내면 곧 바로 양망작업이 시작된다.
중 바닷속으로 풀려들어갔던 그물을 되올리는 어부들
하 첫양망 치고 어획량이 좋다 했다.

지난 2005년 10월 중순의 저물녘. 탈망작업 채비를 하고 포구에 나와 있던 아낙네들이 "웬일이래?"하는 표정으로 항 입구를 건너다본다. 뱃머리에 붉은 색 어장깃발을 세운 어선은 3톤이 될까 말까한 크기의 은혜호. 그런 은혜호가 포구에 닻줄을 내리고 이물 고물의 덮개를 벗기고서야 그 붉은 색 어장기가 만선기를 대신한 깃발이었음을 알게 된다. 승선어부들이 깃발 곁에 함께 매달아 놓은 것은 큼직한 조기 한 마리. 아낙네들이 둘러서자 곧 주렁주렁 조기가 달린 그물이 내려지고 탈망작업이 시작된다.

2003년에 이어 3년째 조기 풍어조짐을 보이고 있는 가거도엔 섬 어선들뿐만 아니라, 조기 떼를 좇아온 외지 어선들로 연일 북새통을 이루고 있었다. 거개가 추자도와 목포 선적 어선들이다. 그러나 이런 외지 유자망 어선들에게까지 돌아갈 일손이 섬 안에는 없었다. 하여 그물에 잡힌 조기의 탈망작업도 하지 못한 채 추자나 목포항으로 들어가 그곳에서 조업 마무리를 한다 할 정도로 조기가 많이 잡혔던 가거도다.

그물에 걸린 어획물이 많을수록 어부들의 팔뚝에는 힘이 넘친다.

"10월 들면서 조금물때 며칠 동안은 우리 가거도 배에서도 일손 구하기가 힘들 정도로 조기가 많이 잡히고 있습니다. 가족들만으로는 손이 부족하니 이웃 아낙네들에게 며칠 전부터 탈망작업을 예약해야 하는 거죠. 그물코에 꿰인 조기는 일일이 손으로 벗겨내야 이튿날 다시 바다에 나가 투망할 수 있으니까요. 웬만한 구멍은 그냥 내버려 둡니다. 보망補網할 시간까지는 없습니다."

이세균 가거도 1구 어촌계장의 말이었는데, 척당 열 댓 명의 가거도 아낙네와 네 명 안팎의 승선어부들까지 가세해야 하는 탈망작업은 밤이 새도록 이어지기 예사란다. 아낙네들의 이런 탈망작업에 대한 대가는 한 시간당 1만원이니, 피곤한 작업만큼의 보상은 된다지만, 초어드레 조금에서 보름날까지 어부들의 조기조업이 이어지면 덩달아 연일 밤샘 작업을 해야 하니 보통 고생은 아니겠다.

좌 그물에 걸린 황금조기
우 올라오는 참조기가 제법 크다.

바다 위 쪽잠이 전부인
승선어부들

이튿날 새벽, 이 계장의 중개로 막 출어하려는 어선에 서둘러 올랐다. 선장을 포함한 승선어부는 모두 다섯 명인데 무표정한 얼굴마다 피곤함이 잔뜩 묻어있다. 조업 해역인 가거도와 만재도 중간 바다까지는 1시간 30분 남짓한 뱃길. 그러나 마무리 못한 조업준비에 쪽잠이나마 잘 새가 없다.

"우리 섬 '조기대박'이 만 3년째 이어지고 있습니다. 추자도를 거쳐 온 조기 떼가 몰리는 거죠. 밖에서는 온난화 등 해양변화 탓이라고 걱정들도 하지만, 일단 우리 섬사람들은 조기풍어로 한시름 놓은 겁니다. 허풍 섞인 말로 '물 반, 조기 반'이란 소문이 나면서 어장에는 목포나 추자도 유자망 어선, 안강망어선들까지 한 70여 척은 몰려드나 봅

참조기가 넉넉하게 걸린 그물을 쌓아두고 다음 어장으로 향하는 가거도 제일호 어부들

니다. 여기에 어물쩍 불법으로 끼어드는 중국 어선들까지… 굉장합니다." 어장에 도착한 듯 선속을 줄이면서 무선소리에 귀 기울이던 선장의 설명이다.

이어지는 선장의 투망지시. 곧 그물 끝줄에 달려있는 어장기부터 내려진다. 10톤 이상이라면 열일곱 발약 2,000미터의 그물을 투망한다지만 5톤 규모 어선인지라 다섯 발의 그물을 바다 속에 풀어 내린다는 설명. "조기잡이도 그렇지만, 갯일을 하는 이들은 너나없이 바다 위의 '어름사니'라. 그 왜 외줄타기 하는 재주꾼 있잖소. 바로 그 어름사니나 진배없다는 얘기지. 그저 간당간당 하니 바다 위에 있다가 용왕님 도와주면 풍어고 모른척하면 흉어지 뭐 다른 게 있겠소?"

초보어부인 화장대신 손빠른 기관장이 손맛을 낸 뱃밥

영좌라 대접받는 지긋한 어부의 되물음인데, 투망 후의 풍흉은 바다가 알아서 해줄 일이라 덧붙인다.

투망에 일손을 보태던 기관장이 고물 바닥에 '뚝딱' 아침상을 차려놓자마자 말 그대로 '번개처럼 끼니를 때운' 어부들은 제각기 쪽잠 잘 자리를 찾아간다. 양망까지의 틈새. 선장은 조타기 앞 의자에 영좌는 위 선실, 젊은 어부들은 기관실 옆 선실이나 고물 공간에서 밧줄을 베개 삼아 그대로 잠에 떨어진다. 이때가 오전 10시 반.

쪽잠에 빠지기 전, 선장은 12시 반쯤 양망을 한다했는데, 1시가 되어가도록 너나없이 잠에서 깨어나질 못한다. 하는 수 없이 응달을 찾아 앉아있던 내가 선장부터 깨웠

좌 제일호 어부들의 두번째 그물에 걸려든 어획량도 만만찮다.
우 그물에 얽힌 어획량이 많아 탈망작업 때까지 신선도가 유지되도록 양망 즉시 얼음을 뿌려준다.

고, '앗 뜨거라!'하는 표정으로 영좌가 깨어나자 곧 양망이 시작되었다. 승선어부들의 풍어 기대와 더불어 잔뜩 긴장한 채 파인더만 들여다보는 내 바람은 제쳐둔 채 양망기에 올라오는 것은 바닷물만 묻힌 빈 그물임에 여기저기서 한숨부터 나온다.

양망 세 시간이 다되어 가는데, 뭐가 걸렸다싶으면 대형 해파리요, 아니면 여전히 텅 빈 그물. 어제 탈망 현장을 보지 못했다면 마냥 '가거도 조기풍어가 뜬소문이 아니었을까' 할 정도로 빈 그물임에 조바심이 인다. 다른 어선도 마찬가지인지 날아오는 무선 소리 역시 쌍시옷 욕만 넘친다.

"오늘은 온 가거도 어선들이 죄다 헛그물질을 한 모양이네요." 말을 하던 선장이 돌연 그물을 향해 손가락을 뻗는다. 한 마리 두 마리씩 걸려 올라오는 조기를 향한 손짓인데, 그이는 '마지막 양망인데 그나마 다행'이라 했고 나는 아쉬운 대로 연신 셔터를 눌러댔다. 입항 후 탈망작업을 할 정도에 미치지 못하는 양이라, 승선어부들 스스로가 올라오는 즉시 그물코에 꿰인 조기를 떼어내느라 바쁜 몸짓을 보인다.

요즘 가거도에서 잡히는 참조기는 알배기가 아닌 작은 크기. 봄 조기라야 알이 통통히 밴, 이른바 오석짜리로 위판가도 컨테이너 당 120만 원 안팎을 호가한다는데, 그 중 작은 칠석짜리라 아쉽다지만, 그래도 많이만 잡히면 목돈이 된다고 자위하는 선장

좌 제일호 어부들의 마지막 투망
우 다음 어장으로 이동중에 한숨을 돌리는 초보 어부

이다.

이윽고 마지막 그물 양망이 끝나고 어장기를 걷어 올리기 무섭게 가거도를 향해 선수를 돌렸다.

"짓가림은 커녕 기름 값에도 미치지 못하는 어획량이지만, 내일을 기대해야지요, 뭐. 탈망작업 할 게 많지 않으니 일단 잠부터 늘어지게 잘랍니다." "어제 백만 원 벌었으면 됐죠 뭐. 어이 막내 안 그래?" 앞은 선장의 말이고 뒤는 승선어부의 말이다.

"조기 철 끝날 무렵이면 가거도에서 나가지요. 그때쯤 철 맞는 동해안 오징어채낚기 어선을 탈지 어떨지는 그때 가봐야 압니다. 무슨 고기든지 많이 나는 어촌을 찾아가야지요. 돈도 그렇지만 일단은 어떤 고기든지 많이 나야 기분 좋은 게 우리 뱃사람 생리거든요."

원양어선에서부터 오징어채낚기까지 다양한 승선 경력을 지녔다는 삼십대 후반쯤 되어 보이는 승선어부의 말인데, 살기 팍팍한 뭍 생활 접고 조기 따라 가거도에 들어온 게 보름전의 일이라던가. 가거도 어부들 역시 이 어부와 '엎치나 매치나' 속사정은 엇비슷하다 했다. 밖에서 '물 반, 조기 반'이라며 요즘의 가거도를 치켜세우지만, 먼 섬이라 아쉬운 게 많다는 게 가거도 사람들의 푸념.

잔잔한 날이라 해도 목포까지 웬만한 어선으로 조기를 실어내자면 10시간이나 걸리니 운반선을 이용할 수밖에 없다는 가거도 어부들. 그 이들이나 협소한 위판장 시설에 대량 어획되는 조기를 만만하게 상대할만한 중매인이 나서지 않아 뭍으로 건너가는 조기를 건너다보아야만 하는 흑산 본섬 사람들도 답답하기는 마찬가지라 했다.

상 제일호 조기잡이는 한밤중까지 이어졌다. 숙달된 어부나 초보어부나 모두 지쳤다.

하 어획물 그득한 그물 무게를 이기지 못해 한쪽으로 기울어졌다가 구조요청을 받고 긴급출동한 이웃 어선이 한쪽을 받쳐주면서 겨우 입항한 제일호를 바라보는 동료 선장들

반가운 손님,
반갑지 않은 손님

1퍼센트 부족한 조업 장면이 못내 아쉬웠음에 결국 한 해 터울을 두고 가거도를 다시 찾았다. 옛 어부들 말마따나 '믿지 말아야 할 것 중 하나가 바다, 그 중에서도 겨울바다'라는 것은 경험상 익히 알고 있음에도 가거도행 여객선을 타고야 만 것이다.

당초에는 추자도 바다에서의 삼치잡이를 보고 싶었다. '어장형편이 엉망이어서 찍을 것은 없어도, 먹을 삼치는 있으니 오라'는 게 지인의 말이어서 마음이 흔들렸음에도 결국 가거도 행 승선표를 받아 들었다.

연이어 들려오는 조기풍어 소식이 식탐을 밀어낸 것까지는 좋았다. 그러나 역시 믿지 못할 바다. 삼 년 전처럼 주의보에 발목 잡혀 후회막급부터 희희낙락까지 변화무쌍한 일주일을 그 섬에서 보내야 했음이다.

숙달된 가거도 아낙네들이 제일호 탈망에 매달렸다.

다섯 시간 만에 도착한 가거도에서 먼저 눈에 드는 것은 변함없는 탈망작업과 포구에 정박 중인 다양한 크기의 어선들. 섬 어선과 외지 배는 한 눈에 구별이 된다. 가거도 어부들의 유자망 어선은 '커야 9.77톤'인데 비해, 목포와 추자도 어선은 작아야 29톤 안팎으로 큼직한 까닭이다. 그런 포구 한쪽, 제일호 어부들은 새로 장만한 그물을 정리하고 있었다.

　　몇 번의 통화로 귀에 익은 임용균 선장의 목소리에 날이 서있는 듯했다.

　　"180폭 정리해 싣는데 종일 걸리니…. 한창 조업에 나서야 하는데, 숙련된 일손 구하기가 여간 힘든 게 아닙니다. 바다경험 많은 어부는 두 사람뿐이고, 마다하는 처남 기필코 불러들이고, 육지서 사업하는 동생까지 억지춘향 어부로 만들었지만, 막상 내일 어장에 나갈 일이 걱정입니다."

　　너나없이 걱정이다. 어쨌거나 조기 만선 모습을 촬영해야만 헛걸음이 아닌 바에야. 이번 일정은 3박 4일. 조업선에 두 번 승선하고, 마지막 밤 보낸 뒤 여객선을 타고 나가

가거도 항의 새벽풍경

좌 승선어부들도 탈망에 매달린다.
우 탈망 중에 늦은 점심식사를 하는 어부들. 삼시세끼를 꼬박 함께 먹으니 식구다.

는 것이었다.

단골숙소부터 찾았다.

가거도 숙박비와 식대 후불계산법은 여전했다. 미리 계산을 해두려 했으되 '일단 들어오셨으니 나가는 건 가거도 바다 맘이제. 나갈 때 계산하씨요'란. 여섯 번 섬 방문 때마다 묵었던 만큼 낯이 익은 민박집 아줌마의 이 말은 '주의보발효-일주일 체류'라는 결과로 나타났다.

어쨌거나, 이튿날 새벽 두시 반, 유자망 어선 제일호에 올랐다. 임 선장을 포함한 승선어부는 모두 다섯 명. 밤샘 탈망작업을 했다니 표정이나 입성이나 노숙자와 다를 바 없을 정도다. 난류성 회유 어종인 조기가 먹잇감인 새우 뒤를 쫓아 가거도 부근 바다에 몰려들기 시작하면서 형성된 '황금어장'은 이미 임 선장의 머릿속과 GPS에 박혀있다. 두 시간쯤 전속항해를 해야 닿을 수 있다는 어장까지의 뱃길. 그 시간만큼이 승선어부들에게 허락된 단잠시간이다.

칼잠 자세로 누운 기관장 곁에 슬그머니 끼어 잠이 들었었나 싶은데 벨소리가 울린다.

투망시간. '갑바^{방수복}'를 챙겨 입은 승선어부들은 이물과 고물 쪽으로 나뉘어 투망준비를 마친다. 어탐기를 살피던 임 선장은 투망지시를 내리는 한편, 이물 쪽으로 건너간다. 초짜들의 투망이 영 미덥지 않은 모양이다. 어장기가 그물 끝줄을 물고 풀리면서 180폭 그물이 채 한 시간도 지나지 않아 바다 속으로 줄줄이 빠져든다.

그 중 숙달된 기관장이 고물 바닥에 앉은 채 '뚝딱' 아침상을 차려놓는다. 본디 막내 어부인 화장이 해야 할 일. "손맛이 별로니 목마른 내가 우물을 팔 밖에 없지 않냐?"며 웃는다. 달달한 꽃게무침이 먼저 눈에 띠고, 깊은 맛나는 묵은지고등어찜에 파치일지언정 조기튀김까지 두말 필요 없는 진

강력한 태풍에 의한 피해 발표때마다 빠지지 않는 가거도항. 그 안에서 진행되는 탈망작업 전경.

수성찬이다. 임 선장의 처남이 보이지 않는다. 전전날에도 멀미 끝에 기어코 뱃속 위액까지 올렸다는 그이는 기어가듯 선실로 가 누운 뒤라 했다. 밤샘한 입에 무슨 반찬인들 맛이 있을까.

내가 후닥닥 두 공기를 맛있게 먹는 동안 승선어부들은 식사가 아닌 끼니를 때우듯 하니 괜히 눈치가 보인다. 승선어부들은 다시 양망까지 너덧 시간의 단잠을 잘 자리를 찾아가고, 임 선장은 조타기 앞에 앉아 연신 잠음이 이는 무선소리에 귀를 기울인다.

네 시간이 지났을 때 영락없이 다시 울리는 벨. 더부룩한 속이나 다가올 중노동을 위해 라면으로 점심끼니를 해결한 어부들은 양망기와 그물에 달라붙는다. 오후 2시, 양망기 앞에 선 노련한 기관장은 '첫 그물부터 조짐이 좋다' 했다. 조기는 물론 고등어

목포위판장에 그득하게 깔린 조기상자

도 보이고 갈치도 그물에 꿰어진 채 올라오면서 기운을 돋워주는데, 5시가 넘어설 무렵 바다가 사나와지기 시작했다.

이윽고 마지막 양망, 몸 하나 지탱하기 힘들 정도로 어선이 요동을 쳐대는 중에도 양망작업이 끝을 보이는 것이다. 이물간에 겹쳐놓은 그물에는 얼음을 뒤집어 쓴 그물에 조기며 고등어가 코마다 걸려있는 듯하다. 이런 그물 탓에 발 디딜 틈조차 마땅찮은 배. 승선어부들은 콧구멍만한 공간이라도 기어코 찾아내 갑바를 입은 채 쓰러지듯이 눕는다.

급한 것은 임 선장. 시간이 갈수록 더욱 기승을 부리는 파도와 아낙네들의 일손을 염두에 두고 선속을 최고로 끌어 올린다. 그물 위로 연신 쏟아져 들어오는 바닷물. 잔뜩 높아진 파도는 롤링과 피칭을 거듭하는 제일호에 위협을 가한다.

말 그대로 일엽편주다. 기우뚱대며 전속 항해하던 제일호가 가거도를 바로 코앞에 두고 급기야 좌현 쪽으로 일순간에 쏠리며 기우뚱거린다. 물먹은 그물 자체의 무게와 그득 잡힌 참조기며 고등어 그리고 위에 뿌려진 얼음에 넘어든 바닷물까지 더해지니 바윗덩어리가 따로 없을 터였다. 선체 좌현이 수면과 거의 맞닿을 듯 기운 상황에서 겁을 먹은 것은 두 명의 억지춘향 어부들이다. 기관장과 나머지 숙달된 어부는 그 상황에서도 뱃머리로 넘어가 자신들의 몸무게로 반대편을 눌러 평형을 잡으려 애쓴다. 엔진을 멈추었음에도 넘친 바닷물이 기관까지 넘보는 상황. 결국 포구에서 탈망을 하던 한 어선이 위기를 눈치 채고 황급히 다가오면서 상황이 종료된다.

기운 좌현 쪽을 자신의 뱃머리로 받쳐주면서 힘을 몰아 쓴 덕에 어렵사리 입항할 수 있었다. 시간은 이미 오후 8시. 여전히 좌현이 기운 상태에서도 대기하던 아낙네들에 의한 탈망작업이 시작되었고, 임 선장은 경험 많은 가거도 어부들이 의견을 들어가며 여전히 기울어있는 배를 곧추 세우느라 진땀을 흘린다.

제일호 어부들과 섬 아낙네들의 탈망작업은 이튿날 아침까지 이어졌다.

7시, 동틀 무렵이 되어서야 중간 컨테이너 80개를 채우고 끝을 보았다는 것이다. 양망 때 승선어부들을 성가시게 했던 고등어며 열기^{불볼락} 따위는 아낙네들에게 시간 당 1만원씩과 함께 덤으로 돌아갔다 했다. 참조기만 뭍으로 낼 때는 컨테이너 당 4,000원의 운반비가 더 들어간다는 설명이 덧붙었다.

"차포^{車包} 떼고 함께 나간 어부들과 5대 5로 짓가림 하죠. 간단하게 말하면 이렇습니다. 예를 들어 전날 '7석^{작은 크기의 조기}'짜리 100컨테이너를 잡았다면 1,000만 원이 위판액이고 이중 선주 몫이 350만원이요, 탈망작업 한 열 명 아낙네들에게 들어간 돈이 160만 원에, 화물선에 얼마, 노조 하역비에 얼마 위판 수수료 얼마 하는 식으로 갈라지지요. 이것저것 빼고 승선어부들 몫으로도 딱 350만원이 돌아갔고, 멀미 고생한 처남 손에는 50만 원정도가 쥐어졌다는 겁니다. 어제 잡은 크기면 이럭저럭 400만 원 벌이는 한 겁니다. 괜찮아 보이죠?"

임 선장이 되묻는 말인데, '글쎄올시다'란 답을 짐작하고 던진 질문이겠다. 가거도 조기잡이 어부들의 짓가림은 기본 경비를 빼고는 선주와 승선어부가 판매금액을 반반 나누는 식이 대부분이라 했는데, 기본 경비 기름 값이나 주식부식비 말고도 섬인 탓에

법성포 어부들의 칠산어장놀이 중 전통 건조도구인 걸대에 걸리는 참조기

들어가는 게 적지 않다 했다.

　날이면 날마다 그 정도 잡고, 그 정도 벌면 괜찮다는 생각도 설핏 들었지만, 결론은 아니다. 바로 그날부터 출어금지. 가거도 바다에 연 사흘간 '강풍경보'가 내렸음이요, 한 달을 통틀어 보름 조업이면 썩 괜찮다는 게 가거도 겨울날씨인 때문에 '아니다' 이다.

　그런 중에도 가거도 아낙네들의 일손은 바쁘기만 했다. 추자 등 외지 어선들 덕인데, 강풍경보 속에서는 조업을 할 수 없으니 정박한 김에 탈망작업을 하고 선도유지를 위해 얼음 뒤덮어 씌어서 갈무리를 해야 하기 때문이다. 시간 당 꼬박 1만 원 벌이. 이 역시 얼른 생각하면 괜찮아 보이지만, 강풍과 추위 속에서 밤을 지새우며 그물에 얽힌 조기를 떼어내는 일은 보통 노동이 아니다.

　섬에 들어온 이래 꼭 일주일 뒤 목포항으로 되돌아 나올 수 있었다. 강풍경보며 주의보가 해제되었어도 쾌속선이 연일 결항했음이다.

가거도는 그나마 여름 관광 성수기라야 계획대로 오갈 수 있고, 나머지 계절은 파고 1.5미터, 많이 봐주어서 2미터 안쪽이 되어야 여객선이 오갈 수 있다는 게 섬사람들의 한숨 섞인 말인데, 겨울바다에서 그런 기상을 기대하기란…

귀항 이튿날 새벽 4시에 찾아간 목포 위판장. 사상 최대라는 조기풍어는 위판장과 항구에도 불야성을 이루게 하고 있었다. 조기와 갈치 등 안강망 어선들이 부려놓은 어획물로 온 판장이 그득했다. 새벽 5시 이윽고 위판이 시작되면서 판장은 더욱 활기를 띠기 시작했다.

2001년 봄, 하추자 성진호 어부들의 조기잡이는 '헛방'

초속 16미터의 강풍이 하추자 신양포구를 섬 안쪽으로 몰아대듯 불어 닥치고 있었다. 그 바람이 어깨까지 마냥 움츠려들게 한 탓일까, 포구에 단단히 묶여있는 배를 쉽게 끌러놓지 못하고 서있는 이들은 성진호에 승선할 어부들. 먼저 출어해 포구를 막 벗어나는 다른 어선들이 물너울에 따라 보였다 말았다 춤을 추는 듯한 모습에 더더욱 기가 꺾인 뒤다.

"아야, 느그들 시방 뭣하고 썩은 장승 모양 우중충하게 서있냐. 이깟 바람 쬐께 분다고 그냥 방구들 찾아 다시 들어갈 참이냐? 아이고매 애통터져부네." 만만찮은 바람소리를 가볍게 갈라버린 목청의 주인공은 성진호 자선장 박명일 씨다. 30년이 넘는 바다생활, 그 중 20년을 넘게 보낸 곳이 바로 이 추자 바다이고 보면, 박 선장에게는 이런 정도의 바람쯤은 아무 것도 아닐는지 모른다.

반면, 섬에서 그것도 이리 사나운 날씨에 배를 처음 타야 하는 이들에게는 여간 위협적으로 느껴지지 않을 터. 어부들의 분위기야 어떻든지 물결 따라 크게 울렁대는 성진호로 한달음에 성큼 건너간 박 선장은 곧바로 시동을 걸었고, 그제야 정신을 차린 듯

초기 양망에서 연이어 올라오는 조기

세 명의 어부들이 조업 중 쓸 장갑이며 배에서 요긴하게 쓸 물건과 주, 부식을 고물 쪽으로 나른다. 여전히 불안정한 몸짓으로.

지난 2001년 3월, 그렇게 신양포구를 벗어난 성진호 역시 앞서 물결을 헤치며 나가는 이웃 어선들처럼 물너울 따라 춤을 추기 시작했고, 어부들은 제각기 몸을 의지할 만한 것을 찾느라 우왕좌왕 하는 모습이 역력하다.

"츳츳! 자넨 이쪽 그물 위에 앉고, 니는 요것 붙들고 꼼짝 말고 딱 앉았거라." 박 선장은 큰 파도를 요리조리 비껴가느라 애를 쓰면서도 그런 어부들에게 앉을 자리까지 일일이 챙겨준다.

"신참들이야, 이제 막 맨땅을 딛기 시작한 아그들로 보면 됩니다."

바다 위에 뜬 손바닥만 한 배 위에서는 나이가 많건 적건 신참 딱지를 붙인 어부들의 둔한 몸놀림이란, 걸음마를 시작한 어린애들이나 매한가지라던가. 박 선장은 '사람

성진호는 일출무렵 관탈도 앞 바다에 도착했다.

의 몸이란 게 환경에 곧바로 익숙해지더라'며 신참 어부들을 눈빛으로 달랜다.

포구를 벗어난 지 30여분, 추자 바다에는 막 일출이 시작되고 있었고, 박 선장은 그제야 그중 젊고 조업경력도 있는 경호 씨에게 조타를 맡기고 고물 쪽에 앉는다. 신참 어부들에게 그물 위치를 표시하는 '부자 깃발'에 원줄을 연결하고, 표시등을 설치하는 방법 따위를 하나하나 일러주기 위함이다. 신참 어부들 역시 그새 물너울을 타는 배에 익숙해졌는지 신병들처럼 긴장된 표정으로 그 일을 배우기 시작했다. 지난 며칠간의 연습을 겸한 숭어잡이 이후 뱃일이 손에 익기 시작했다 손치더라도 조기잡이란 그물부터 다른 것이다.

그렇게 두 시간 여를 달려 도착한 곳은 대관탈도와 소관탈도 사이의 너른 바다. 이 바다에서부터 성능 좋은 SBS무전기가 빛을 발하기 시작한다더니 아무리 귀를 기울여

성진호 어장기가 투하되어 있다.

봐도 욕이 태반, 살로 갈만한 정보는 없는 듯했다.

"듣자하니 좀 우습죠? 우리 통화 내용이라는 게 대부분 엄살에 푸념이기 일쑤거나, 그도 아니면 온통 세상사와 욕이지요 뭐. 특히 이 조기잡이가 그런데, 어느 바다서 조기가 보이더냐 물어보면 십중팔구 돌아오는 대답이란 게 '정초 제사상에서 말고는 조기 얼굴 구경도 못했다'는 대답이지라. 말은 그리해도 위판 정보라던가 기상 상태 같은 것을 서로 알려준다든지, 심심풀이 농담하는 것만으로도 바다 위에서는 큰 의지가 된당게요."

한편, 자망 투망부터 신참어부들에게는 쉽지 않은 일거리였다. 큰 폭으로 요동치는 배의 우현에서 몸의 중심을 잡는 일 자체가 보통이 아닌데다가, 족히 한 아름은 됨직한 '멍돌추'을 매단 부자 깃발까지 들고 있으니.

"투망! 투망!" 연신 어탐기를 들여다보던 박 선장의 외침. 그러나 신참어부들은 타임을 놓치고 만다. 가뜩이나 조기 유자망일이 손에 익지도 않았을 뿐더러 그 '멍'의 무게 때문이다. 결국, 박 선장의 입에서 곱지 않은 말이 터져 나왔다. 그이는 뱃머리를 완만하게 돌려 첫 투망 예정 위치로 되돌아온다. 언제 눈을 부라리고 욕을 했냐는 표정으로 어탐기를 눈여겨보던 박 선장은 경호 씨에게 키를 맡기고 이물 쪽에 선다.

부자 깃발부터 힘 있게 던져 넣는 시범을 겸해 본인이 투망을 개시했다. 연이은 두 번째 투망은 기운을 찾은 신참어부들의 노력만으로 순조롭게 이루어졌고, 그제야 박 선장의 얼굴에 보일 듯 말 듯 미소가 떠오른다.

"뭐 해 보일지 모르지만, 뱃일은 군대나 같습니다. 훈련소서 성인인 신병에게 '변소 사용법'부터 일러주듯이 이 뱃일도 '오야 줄' 묶는 방법 등 사소한 일에서부터 차근차근 가르쳐줘야 하죠. 빨리 알려줄수록 손발을 맞추는 시간이 당겨지는 겁니다. 고함소리로 주의를 주는 것은 뜻하지 않은 사고를 예방하는 차원이죠. 보세요, 거친 말로 주의를 환기시키니 잘 하지 않습니까."

부인 말대로라면 '성질 급하기로 따지면 추자에서 몇 번째 안에 들 것'이라는 박 선장의 속만 시커멓게 탄다. 박 선장의 속이 먹빛이 되어 소관탈도 남쪽바다에 자망 두 틀의 투망을 끝낸 시간은 오전 11시. 성진호는 다시 대관탈도를 향해 뱃머리를 틀었다.

성진호를 몰아가는 박명일 자선장

성진호 속력으로 추자에서 한 시간 40여분, 제주에서는 한 시간 반이면 도착한다는 대, 소관탈도는 추자나 제주 어부들에게 '복福섬'이라 불리는 무인도이자, '관탈冠脫' 곧 관복을 벗는 섬이기도 했다.

"그 옛날, 왕년에 한다 했던 벼슬아치들이 제주로 귀양살이 가는 길에 이 섬을 지나면 관복을 벗어야 했다던 섬이랍디다. 당시의 그 인물들에게야 '속 써끔써끔'하게 만들었던 섬이겠지라."

그러나 오늘날에는 이 두 섬으로 하여 말 그대로 망망대해라 여겨질 주변바다도 '관탈바다'가 되고, 막힘없는 바다를 떠돌던 온갖 어종들도 찾아들어 알을 슬거나, 아예 삶터로 삼아 터줏대감 노릇을 하며 살아 갈 수 있음에랴. 더불어, 추자와 제주는 물론이려니와 어군을 쫓아온 외지 어부들이 그물을 풀어놓고 거친 파도를 피해 갈 수 있는 임시 피항지 역할에도 모자람이 없으려니와 그 부근에 몰려있는 어종들로 하여 관탈바다를 찾아온 어부들이 빈 그물질도 면할 수 있다는 얘기겠다.

그 사이, 추자도 조기잡이 어부들 사이에 전설처럼 알려졌다는 박 선장의 '조기 대박' 이야기를 본인의 입을 통해 듣게 된다. 박 선장이 지난 94년 연이은 '조기대박'을 터뜨린 곳이 바로 오늘 '자망그물'을 놓은 소관탈도 남쪽바다 속이란다. 그 당시 박 선장은 첫 달에 2,700만원 어치의 조기와 백조기를 잡아냈고 그로부터 한 달 후에는 2,400만원, 1,800만원 어치의 어획량을 보이면서 성진호 마스트에 연이어 만선기를 달고 귀항을 했다는 얘기다.

관탈바다에서 조기어장을 발견, 추자도에 조기 열풍을 불러일으키다시피 한 뒤 십몇 년이 지나서야 다시 한 번 조기어장으로 소문이 나기 시작했다던가. 우리 연안에서

추자와 제주어부들의 쉼터 역할도 해주는 관탈도

　조기 떼가 진즉에 다 없어졌다고 '나발 불던' 이들의 코를 석자나 빼놓은 장본인이 바로 자신이라 했다.
　대관탈도 주변에는 미리 찾아온 손님들이 적지 않았다. 그물을 넣어두고 양망 때까지 쉴 겸 끼니를 해결할 겸 정박해있는 추자도 조기잡이 어선 몇 척이 그렇고, 허위허위 그 거센 남해파도를 헤쳐 왔을 여수 선적의 어선에, 제주에서 물질온 잠수들이 그러려니 할 만한 손님이라면, 난데없어 보이는 낚시꾼들까지도 대관탈도는 손님으로 받아들여 놓고 있었다.
　한편, 성진호 양망 물때까지 남은 시간은 두 시간 남짓. 신참어부 둘은 때늦은 아침식사준비에 분주한데, 박 선장은 연신 기관실을 드나들며 시동을 걸었다가 풀기를 계속하고 있었다. '냉각수가 시원치 않게 나오는 것 같다'고 혼잣말을 하면서.

상 성진호 초보 어부들의 양망작업
중 오랫만에 걸려올라온 조기 한마리
하 이날 성진호 그물에는 조기 댓마리와 개상어 등이 걸려 들었다.

선실 위에 설치한 가스레인지에서 밥이 익고, 박 선장의 부인 김명자 씨가 속풀이 삼아 미리 끓여준 김국이며 갓김치에 총각김치까지 고물 위에 가지런히 차려지자, 박 선장이 전날 잡아 어창에 두었던 숭어를 내온다. 그 날랜 손길에 숭어 한 마리는 어느새 먹음직한

성진호 어부들이 귀항후 늦은 점심을 먹고있다.

회가 되어 접시 한쪽에 가지런히 놓였고, 다른 한쪽에는 초고추장과 다시 밭으로 돌아갈 듯 싱싱한 봄동까지 짜임새 있게 차려진 '아침식사'다. 그 자리에서도 신참들을 향한 박 선장의 '바다 공부'는 계속되고 있었다.

"오늘이 한물이니 네 물때까지, 앞으로 한 사흘간은 조기가 있을랑가? 다른 고기도 그렇지만, 이 조기란 놈은 특히 물때를 타는 괴기라. 낮에는 움직임도 없이 바다에 붙어 있다가 술꾼 모양 밤이 되면 별안간 바빠지는 거여. 우리가 오늘 내린 투망한 물때는 썰물을 조금 비껴간 택이고, 수심은 120미터쯤 되던디, 그물이 그 바닥까지 가라앉아 있다고 보면 되지. 조기잡이는 '물 조류'와 경험에서 나온 어장의 짐작, 그리고 그물 낙하 지점의 세 박자가 잘 맞아 떨어져야 대량 어획이 가능한 일이시."

박 선장의 말인데, 숭어잡이 몇 번 다녀온 이들이나 내게는 도대체가 종잡을 수 없는 말일 뿐. 그래도 그이의 말은 멈추지 않는다.

"밥 먹고, 한잠 자고 나서 라면이나 끓여먹고 나가면 들물 시간쯤 될 거고. '대박사리'라고 들 하지만, 욕심 낼 것도 없고… 어제부터 마파람이 만만찮게 불어 제쳤으니 조기 어획량은 썩 신통치는 않을 거라. 한 삼 년은 조기잡이를 쉬었으니 어장도 글쎄 할 정도로 기억이 애매하고…"

'식사 다 했으면 얼른 들 눈 좀 붙이라'며 채근을 하는 박 선장이지만, 정작 자신은 남들이 수저를 놓은 지 한참이나 지나서, 숭어회 접시가 완전히 비워진 뒤에야 생수 병

을 찾아든다. 그때 쯤, 두런두런 이물 쪽에서 나던 소리는 더 이상 들리지 않았고, 박 선장은 담배를 빼어 문다.

심지 깊은 추자어부 박명일의
'돌조기' 댓 마리

"외국 나가는 상선도 한 몇 년 타봤고, 남의 어선에서 고기떼를 쫓아 다니다가 딱 20년 전부터 저자망, 고정자망이라 하나요? 암튼 그때부터 자망을 시작했는데, 지금도 '죽으나 사나' 여전히 자망입니다. 여름이라고 다른 배들은 놀기도 합디다만, 나는 열두 달 중 여름철을 전후한 여섯 달은 남제주 표선 바다에서 고등어에 전갱이며 '벤자리'를 잡느라 보내고, 나머지 여섯 달은 이 추자바다에서 삼치·조기에 멸치까지, 남들 잡는 것 다 잡고 다닙니다."

지금껏 자망바리를 해오면서 추자도 위판실적 1, 2위를 해본 경험이 남 못지않다는 박 선장. 그런 중에도 나름대로의 어장개척을 게을리 하지 않았다던가. 그로 인한 손해도 적지 않다는데, 대표적인 실패 사례가 중멸치 석조망 시도다.

"94년이든가 5년이던가, 암튼 바다에 나갔는데, 분명히 새끼손가락만 한 중멸 떼가 보이더란 말이시. 그제나 지금이나 추자도하면 알배기 젓갈멸치 천지로만 알고 들 있었는데. 어, 이것 되겠다싶은 생각에 앞뒤 가리지 않고 빠져들었지라. '어장개척'이다 뭐다 해서 벌써 여러 번 실패 경험이 있던 터라, 집사람에게 어물쩍 말꼬리를 흘렸더니. 얼라랴! '당신 뜻대로, 당신 마음대로'라는… 어쩌긴요. 당장 석조망 그물을 들여와 꾸미고 했는디, 이게 실수라. 아무리 멸치 어장이 있어도. 유통 문제가 큽디다. 잡아서, 해풍이다 혹은 냉풍건조기다 해서 잘 말려내면 뭐 합니까, 이게 참… 지금도 바다에서 중멸 어군이 떴다는 소문이 들리면 1,200만 원 짜리 원피스가 생각납니다. 그 원피스요? 이따 귀항하면 집사람한테 물어 보씨요."

슬쩍 말꼬리를 흘린 박 선장은 내 손목의 시계를 흘끗 건너다보더니 뭐랄 것도 없이 곧바로 시동을 건다. 불편한 자리일망정 단잠에 빠진 신참어부들에게는 기상신호이자, 출어신호이기도 한 것이다.

그렇게 대관탈도를 벗어난 성진호는 다시 물너울을 타기 시작했다. 오전보다 더 심해

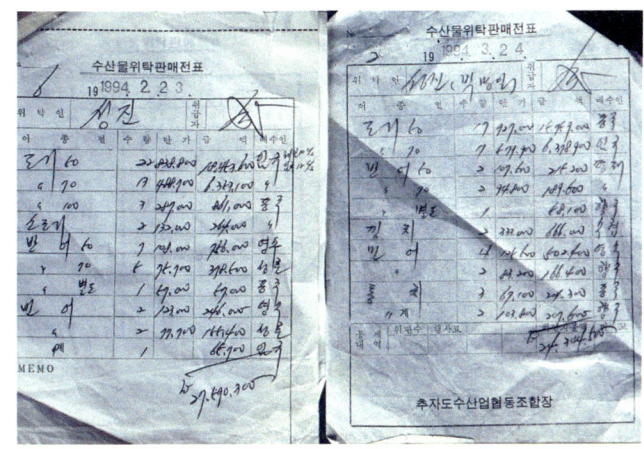

박명일 선장의 조기잡이 대박 전설의 증거인 위탁판매 전표

진 파도와 바람 탓이다. 그렇게 롤링과 피칭을 하면서도 앞으로 나아가던 성진호 엔진이 일시에 멈추는 듯했다.

"아야, 경호. 냉각수 잘 나옹가 살펴봐라!" 박 선장의 말에 허리를 굽혀 우현을 내려다보던 이의 대답은 '기미조차 없다'는 것이었다. '냉각수가 나오지 않는다면 기관고장? 표류! 이 바다에서?' 뭐, 그런 단어들이 머리에 휙휙 떠오르기 시작했고, 엔진 꺼진 성진호는 더한층 심해진 물너울에 마구잡이로 휘둘리고 있었다.

신참들의 겁먹은 표정은 아랑곳없이 '별일 아니라'는 표정의 박 선장은 고물상 서랍 같은 공구통만 뒤지고 있었다. 뱃바닥에 털썩 주저앉은 것도 모자라 선실 모퉁이를 열 손가락으로 움켜잡고 용을 쓰는 박 선장의 표정은 내게는 더 없는 위안이었다.

별 소용도 없지 싶은 천 조각과 자전거 타이어 튜브 조각 같은 것을 챙겨든 박 선장은 다시 기관실로 들어간다. 그리고 잠시 후 성진호에 시동이 걸렸고 파도를 타 넘기 시작했다. 더욱 희한한 일은 어느새 진짜배기 어부가 되어있는 신참들의 양망 모습이었다.

배에 부딪치는 파도소리에 바람소리, 엔진소리 탓에 바로 곁에서도 잘 들리지 않는 박 선장의 목소리를 척척 알아듣고는 부자깃발을 거두어들이고 롤러에 그물 원줄을 걸어 돌리거나, 뒤쪽에서 올라오는 그물을 차곡차곡 쌓는 몸짓은 완전히 숙달된 '추자 어

부'의 그것이었음이다.

그런 손길 속에 인사차 먼저 걸려 올라왔다는 게 '개상어'와 고등어. 그리고 다시 한동안은 빈 그물 뿐. 이제나저제나 파인더에 눈을 붙인 채 기다리는 중에도 여전히 빈 그물만 올라오는 것이었다. 그 안타까움이란. 온다! 어느 순간 박 선장의 목소리가 들렸고, 서둘러 들여댄 파인더 속에는 황금조기 세 마리가 오롯이 들어와 있었다. 그리고 다시 빈 그물. 그렇게 첫 그물의 양망을 끝내고 보니 어획량이라고 이름 붙이기에도 민망한 댓 마리의 조기와 고등어 두어 마리, 개상어에 부세가 전부였다.

"실망할 것 없소, 아 '물어도 준치요, 썩어도 생치'라는 말 못 들어봤는감? 다섯 마리 '돌조기'도 분명히 조기란 말이시."

박 선장은 그러려니 했다는 듯 두 번째 그물을 향해 뱃머리를 돌렸다. 그이가 말하는 돌조기란 추자 연안에서 잡힌 참조기만을 이르는 말. 황금색 좔좔 도는 것이 영락없는 참조기나 추자어부들 사이에서 부르는 말이라 했다. 추자 주변 바다 속이 돌밭이요, 그 돌밭에서 잡아 올렸으니 돌조기라던가. 이런 돌조기는 추자 어부들 사이에서 진작부터 횟감으로도 소문났을 정도. 암초가 숫하게 깔린 바다 속에서 유영하다보니 먼 바다 조기와는 다르게 살이 여물어 씹는 맛이 있다 했으나 지금껏 맛 볼 기회가 오지 않았다.

한편, 두 번째 그물 양망이 채 시작되기도 전에 냉각수가 한 번 더 박 선장과 승선어부들의 속을 끓였다. 연신 좌현을 살펴보던 경호 씨가 소리를 질러 냉각수의 이상을 알린 것. 박 선장은 다시 기관실로 들어갔고, 대신 조종키를 잡고 서있는 경호 씨에게 이런 저런 주문을 한다. 그렇게 10여분 후. 박 선장은 기름투성이가 된 손으로 다시 성진호의 엔진을 일깨웠고, 관탈바다에는 저녁노을이 깔리기 시작했다.

밤 여덟시, 언제 통화가 되었을까, 어렵사리 되돌아온 신양포구에는 박 선장의 부인 김명자 씨가 마중을 나와 있었다. 그제야 새삼 생각나는 '1,200만 원 짜리 원피스 스토리'. "자네 나왔는가, 민망해서 어쩔끄나 조구 댓 마리가 전부네." "천 마리도 잡아봤고, 이천 마리도 잡아서 만선기 숫하게 꽂아봤는데 뭘 그랴쑈. 푸념 말고 어서 올라오기나 하소"

박 선장 부부의 대화는 찰지고도 정겹다.

"1,200만 원짜리 원피스요 이? 아따, 우리 집 양반이 그런 말까지 했소? 뭐 별거간디요. 저거 아닝게라, 저거." 김명자 씨 손끝에는 방수포에 싸인 집채만 한 그물 뭉치가 우뚝하니 버티고 서 있었다.

"아무리 남정네가 하는 일이라도, 1,200만 원이 어디 애 이름이간디요. 하도 폭폭해서 저거 으쩔거냐고, 생전 않던 바가지를 좀 긁었더니만, 우리 집 양반 하는 소리가 '원피스나 해 입어라'는 말이었지라."

한편 박명일 선장처럼 추자 연안에서 '돌조기' 잡이에 몰두하는 어부들이 있는가 하면, 20톤을 넘어서는 근해바리 추자 유자망 어부들은 제주 남단과 동중국해까지 넘보며 참조기를 잡아내고 있다. 60여 척의 큼직한 조기유자망 어선 어부들은 제주 바다는 물론, 가거도와 동중국해까지 출어해서 전국 참조기 어획량의 절반쯤인 1만 톤 안팎의 물량을 잡아내고 있는 중이다.

법성포 갯바람 맛, 영광굴비와 자린고비

진달래가 만발한 봄날, 법성포구로 찾아가면 '살그락 살그락' 봄바람 결에 영광굴비 익는 소리가 들려온다. 그 소리와 함께 갯가 혹은 마을 안 공터마다 들어선 걸대에서 풍기는 배리착지근하면서도 고소한 냄새까지. 이렇게 소리와 냄새까지 풍기며 조기는 제 나서 자란 바다와는 상관없이 법성포 봄바람 속에서 영광굴비로 거듭나는 것이다. 흔히, 이 영광 법성포를 일러 '하늘이 내린 굴비의 고장'이라 한다는데, 이는 소금 바람 갯벌 등 영광 법성포가 지닌 자연조건이 굴비 제조에 딱 맞아떨어지기 때문이겠다.

늦봄까지 조업과 굴비제조로 바쁜 시기를 마치고 나면 바로 법성포단오제가 이어진다. 단오제의 시작을 알리는 난장트기 제상부터 산신제며 용왕제, 무속수륙제에 이르기까지 갖은 제상의 중앙자리를 차지하는 제물은 오가재비로 불리는 큼직한 굴비다.

법성포 어부들의 칠산어장놀이 중 그물에 걸려 올라오는 조기들

법성포단오제 용왕제. 젯상 가운뎃줄에서도 중심에 자리한 참조기찜

오가재비는 곡우 무렵에 잡힌 알배기 조기로 염장 건조한 상품 굴비를 이른다. 법성포단오제 중 어느 제의가 되었든지 참여한 이들이 눈독을 들이는 것 역시 제물로 올려놓은 이 오가재비다. 음복 때면 누구 손을 탔는지 모르게 빈 접시만 남을 정도라던가.

지금이야 금값이니 아낙네들이 마음먹고 사기 전에는 밥상 위에서 구경하기가 쉽지 않은 어물 중의 하나가 바로 참조기와 참조기를 절였다가 말려낸 영광굴비니 당연한 얘기일 터. 입맛을 놓치기 쉬운 나른한 봄철에 알이 통통히 밴 황금빛 참조기나 영광굴비 몇 마리를 잘 끓여 찌개로 올리거나, 기름기가 자글자글하게 구어 낸 굴비구이 몇 토막이면 식구들의 밥그릇은 언제 비웠나 모르게 깨끗해지기 일쑤였다.

'전라도의 명태'라거나, 동해 명태, 서해 조기라는 말이 나돌 만큼 서쪽 끝 옹진바다에서 남도 지방에 이르기까지 서해안의 대표되는 어종은 조기였고, 또 동해안의 명태와 견줄 만큼 대량 생산되기도 했다.

따뜻한 물을 좋아하는 조기철은 봄이다. 회유성 어종인 조기는 중국 상해 동남쪽 바다와 제주 남서부 해역에서 겨울을 나고는 산란을 위한 여행을 시작하는데 떼로 몰려 북상을 하다가 2월쯤이면, 흑산 홍도의 첫 어장을 거치고 법성포 건너 구수산에 진달래가 피기 시작하는 3월이면 칠산어장에 모습을 드러낸다.

칠산어장은 안마도로부터 위로는 비안도에 이르고 전북의 위도를 중심으로 형성되었는데, 영광파시는 철쭉이 필 때, 위도파시는 살구꽃이 필 때가 절정. 이 무렵이면 개구리 울음소리 같기도 하고 대나무가 바람에 스치는 소리 같기도 한 암조기 떼의 울음소리가 온 바다를 뒤덮곤 했다던가.

영광의 소문난 조기잡이 어부들은 대통을 바다 속에 집어넣고 그 울음소리를 잡아 투망을 하여 조기를 건져냈다는데, 이 무렵이면 대부분의 조기는 근시안처럼 되었거나 아예 두 눈이 멀어 있었고 대신 귀와 코만은 제대로 열려 있었다 했다. 이 무렵에 잡아낸 놈은 알이 땡땡한 기름진 참조기로 따로 오사리라 해서 가공 후 영광 '오가재비'로 불리면서 진상품이 되었다.

걸대에서 숯불로도 말려냈다

이렇게 잡은 참조기는 한 두름씩 엮어 걸대에 촘촘히 걸고 밖으로는 갯바람에 말리고 또 안으로는 걸대 밑바닥 한가운데에 구덩이를 파고 숯불을 피워 말리는 게 영광의 전통 굴비 건조법이었다. 걸대는 곧게 자란 소나무 수십 개를 이용해 두 개의 서로 기댄 사다리꼴로 만들었다.

굴비 제조 과정을 크게 보면 염장과 건조. 이중 염장에서 가장 중요한 것은 소금의 선택이었다. 본래는 영광군 염산면에서 생산한 질 좋은 천일염을 2~3년씩 묵혀 간수를 뺀 다음 건질염장용으로 사용하는 게 정석.

"이렇게 해야만 섭간 작업 때 소금이 달라붙지도 않고 조기에 단물이 배어 제 맛이

굴비 본고장 영광 법성포에서 굴비로 가공되는 참조기

나는 굴비가 되는 거지요. 애써 준비한 소금을 가마니 위에 잘 펼쳐 놓은 참조기에 고루 묻히고, '조기소금조기소금' 식으로 켜켜이 쟁여놓고 다시 가마니를 덮어 눌러 묶습니다. 사흘에 걸쳐 절여두고 소금기가 속 창자까지 배어들었을 즈음 꺼내어 찬물에 헹구어서 열 마리를 한 두름으로 엮어 다시 포구 주변 등 갯바람이 잘 통하는 곳에 미리 장만한 걸대에 걸어 보름쯤 말려냅니다."

법성포 굴비상인의 설명인데, 이런 조건을 겪어낸 조기라야만 영광굴비라는 이름이 붙어 거듭나는데, 공을 들여 만드는 만큼 영광굴비는 저자에서 그 맛과 모양새에서 차별화 되고, 경쟁력을 갖춘 명품으로 거듭나는 것이다.

"예로부터 영광굴비를 굴비 중에서도 으뜸으로 여긴 것은 알이 통통히 밴 곡우 조기를 재료로 하여 만들었기 때문입니다. 그러구러 지난 70년대 중반 이후 우리나라에서 소문났던 어장에서 조기 구경이 힘들게 되면서 군산과 추자도, 마산 부산까지 가서

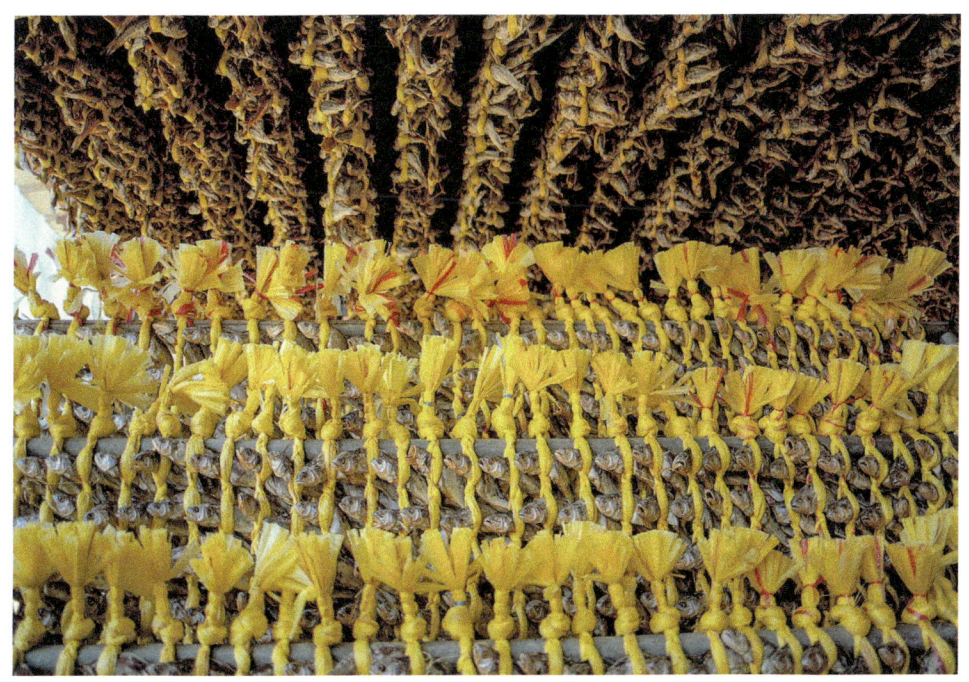

법성포 가공공장 처마밑에서 참조기는 바싹 말린 자린고비 굴비로도 건조된다.

굴비로 가공된 뒤에 냉동창고에서 보관되는 영광굴비. 비표로 오란호장끈에 짚 한 가닥이 들어가 있다.

들어온 수입산 조기를 영광에서 제조한 것이라야 영광굴비로 여기게 되었습니다. 이제는 어느 바다에서 잡은 조기인가가 중요한 것이 아니라 어디에서 어떻게 제조했느냐가 중요하게 된 것이죠. 고려 인종 때 스스로 임금이 되려고 난을 일으켰으나 그 뜻을 이루지 못했던 이자겸. 그이가 귀양살이 왔던 땅 법성포에서 해풍에 말린 굴비를 맛보고는 그 맛에 반해 '자기는 비굴하지 않다'는 뜻을 담아 굴비라는 이름을 붙여 임금께 진상을 했다는 데서 영광굴비 이름을 얻었다던가요? 그 대단한 이름을 지켜가자니 우리도 여간 조심스런 게 아닙니다."

법성포 사람들은 굴비라면 막히는 게 없이 풀어낸다. 그이는 말끝에 '굴비는 여전히 많지만, 영광굴비는 귀하다'는 말로 영광굴비의 우수성을 새삼 강조하고 있었다.

또 다른 명물, 고추장굴비와 '자린고비'

법성포구를 찾는 이들은 굴비가 줄줄이 걸려 있는 즐비한 걸대를 보고 입맛을 다시는 게 보통이었으나, 최근에 들면서 걸대 구경이 힘들어졌다. 이제 굴비 제조도 현대화 바람을 타고 있는 것이다. 법성포구의 300여 굴비 제조 어부들은 저마다 냉동냉장창고와 위생적이며 과학적인 개량식 걸대를 그럴듯하게 갖추어놓고는 출하계획에 맞추어 한 해를 두고 적당한 양을 제조, 저자에 내고 있는 것이다.

전통 영광굴비의 맛은 제대로 보존하면서 소비자의 기호에 어긋남이 없도록 하겠다는 생각에서겠는데, 이

법성포 영광굴비 전문점에 걸린 오가재비 한 마리

추자도참굴비도 인기다.

들은 그런 속내로 자린고비·고추장굴비에 통보리굴비 같은, 부엌에서 내림으로 전해왔던 전통 굴비를 생산하는데 몰두하기도 한다.

고추장굴비굴비장아찌는 오가재비를 적당하게 찢어 쌀고추장에 박아두었다가는 조금씩 덜어서 상에 올리는, 굴비 값이 비싼 요즘에는 그야말로 호사한 요리요, 값에서 엇비슷한 통보리굴비는 독 속에 '오가재비'와 겉보리를 넣어두면, 겉보리가 굴비에 남아 있는 기름기가 밖으로 빠져나가는 것을 막아주어 오랜 기간 보관되며 완성된 명품이다. 둘 모두 장기보관이 가능하기 때문에 이어 내려왔던 굴비 보관방법이자, 제 맛이 나는 전통음식이다.

이런 게 호사스런 굴비와 견준다면, '자린고비'로 통용되는 바싹 말린 놈은 말 그대로 서민적인 굴비라 하겠다.

적당한 크기의 염장조기를 갯바람이 잘 통하는 응달에서 서너 달을 두고 말려낸 것인데, 굴비가 흔하던 그 옛날, 기와집 초가 할 것 없이 처마 밑에 몇 두름씩 달려 있던 바로 그것이다. 염장한 뒤에 갯바람에 말리니 오래두고 먹어도 그 맛이 여전할 정도인데, 법성포 사람들이 자린고비라 부른 까닭은 초등학교 교과서에 등장하는 구두쇠 이야기의 주인공을 염두에 둔 때문이겠다.

자린고비를 만들어내는 과정은 동해안의 황태와 엇비슷하다. 건조시기도 갯가에 찬바람이 부는 겨울이라야 하는데, 북풍 속이라야 기름기가 배 나오지 않고 절은 냄새가 나지 않기 때문이다. 이렇게 얼말림 끝에 잘 마른 자린고비는 양력 4월 중순 전에 냉장보관에 들어간다 했다.

이를 조리할 때는 먼저 쌀뜨물에 한 시간 이상 담가두고 염기를 빼야하는데, 워낙 오래두고 말린 것이라 그냥 먹기에는 적당하지 않을 정도로 딱딱하고 짠 때문이다.

다음에는 찜통에 물을 넣고 한창 끓을 무렵에 자린고비를 통째로 넣고 쪄낸다. 상에 올릴 때는 껍질을 벗기고 힘을 주면 잘게 부서지듯 하는데, 밥 한입에 그 한 조각이면 다른 반찬이 필요 없을 정도로 깊은 맛이 배어나는 것이다.

겨울

03

명태 · 도루묵

두 세기 이어온 거진
어부들의 최북단 조업
명태·도루묵잡이

"명태야! 명태야! 거진 대동 안에 명태 천지야! 골맥이 할배요, 골맥이 할배요. 우쨌든 등 새천년에 거진 대동안을 명태 천지로 만들어 주시겠능교, 우짜겠능교? 어선마다 바리바리 명태를 건져내 와야 손자손들이 골맥이 할배 모시는 일을 지극 정성으로 하지 않겠능교." 거진풍어굿 마지막 날에 치러지는 대잡이굿. 제관에 이어 두 번째로 대를 잡은 이에게 다그치는 무당의 사설이다.

지난 1999년 12월의 고성군 어업 전진기지 거진항. 기상특보만 내리지 않으면 한창 북적대야 할 포구인데, 한갓지기만 하다. 여느 때 같으면 입항하는 어선에, 그 어선에서 부려 놓은 유자망 그물에서 명태와 도루묵 등 겨울 어획물을 가려내느라 남정네며, 아낙네에 할머니들까지 나서 그물 벗기기에 여념이 없어야 할 시간. 막상 고성어부들이 몰려있는 곳은 포구 한쪽에 마련한 풍어굿판이었다.

다시 쇳소리며 장구 소리가 울리기 시작했을 때 대잡이의 손이 가볍게 떨리기 시작하더니 이윽고 좌우로 세차게 흔들린다. "고맙니데이, 고맙니데이. 거진 대동안 어부들, 걱정을 말라십니다. 골맥이 할배께서 사해바다 놀든 고기 모두 거진대동안으로 불러 모으시겠답니다." 다시 힘차게 흔들리는 대잡이의 손. 바로 제5 해성호 차진용 선장의 억센 손이다.

흉어 시름,
도루묵으로 달래고

사흘 뒤, 새벽 네 시 반의 거진항. 어둠 속, 어선 몇 척에 불빛이 보인다. 명태잡이를 위해 새벽잠 떨치고 나온 어부들이 추위를 잊기 위해 이물에 피워 놓은 모닥불이다. 제5 해성호 모닥불엔 커다란 솥단지까지 걸려있다. 승선어부들이 해장 삼아 먹을 도루묵 매운탕을 끓이고 있는 중이라 했다. 본래 도루묵 매운탕 대신 연한 명태 살이 그득한 '명태라면'이 해장 메뉴일 터이나, 고성 바다에 명태가 비치지 않으니 '꿩 대신 닭'으로 잡았던 도루묵을 이용할 밖에.

　제5 해성호 어부들이 그 매운탕에 군용 반합에 싸 온 밥을 말아 후후 불어 가며 먹고 있을 때, 차진용 선장이 '신호포판'을 들고 배로 왔다. 신호포판이란 어선의 '주민등록증'이라할 선적서류가 들어있는 통을 말한다.

　곧바로 8.55톤 해성호에 시동이 걸린다. 어장까지는 뱃길 한 시간의 거리라 했다. 아직 명태가 나지 않아 도루묵을 잡아내니 그 거리지, 본격적인 명태잡이가 시작되면,

좌　자망에 걸려 올라오는 도루묵
우　거진어부의 새벽 그물에 올라오는 도루묵

이 보다는 30분 정도 전속으로 더 달려 나가야 한다는 설명이다.

동해의 톱날 같은 겨울파도와 칼바람을 견뎌 온지 삼십 몇 년이라는 차 선장은 어부 이전에 토박이 입장에서, 요 몇 년간 자존심들이 상할 대로 상해 있단다. 어물전에서 연안명태 자리를 빼앗은 수입명태 때문이다.

차 선장처럼 내색은 하지 않아도 적어도 십몇 년은 경험이 많은 영좌^{최고참 승선어부를 이른다} 황봉길 씨^{64세}며, 장용일 씨^{58세}에 기관장 강주석 씨^{50세} 이용원 씨^{47세} 등등 제5 해성호 어부들 모두 마찬가지일 터. 체감 온도 영하 30도. 그 참기 힘든 추위를 감당해 내며 바다를 누려 왔던 이들은 그 노련한 어로 기술에 위성항법장치^{GPS}며 어군탐지기 등 최신식 전자 어로장비까지 갖추어 놓고도 유독 명태잡이만 몇 년째 고전을 면치 못하고 있는 중이라는 것이다.

드리워놓은 명태 그물과 도루묵 그물에도 '은어바지'가 몇 마리씩은 걸려 올라오긴 했단다. 은어바지란 도루묵 떼를 쫓아온 명태를 이르는 말. 제5 해성호 어부들이나 거진 등 고성사람들은 그나마 예년 없이 늦은 풍어를 안겨준 도루묵 덕에 칼바람 속에서도 한 시름을 달래는 중이라 했다.

도루묵은 추석이 지나고 바다에 찬바람이 일면 나기 시작해 소설^{小雪}때면 알을 슬기 위해 연안 가까이 들어오니 그 때가 제철이라 할 터이고, 대설이 지나면 다시 먼 바다로 나가는 게 본래의 생태. 수온이 제 살기에 좋게 유지되고 있기 때문인지 대설이 지나고서도 여전히 그물코에 꿰어져 올라온다는 얘기였다.

마주쳐오는 파도를 헤쳐 가기 1시간쯤. 38도 32분 80초 동녘바다에 해가 떠오르기 시작했다. 제5 해성호 주변으로 몇 척의 도루묵 잡이 유자망 어선들이 달라붙었다. 밤새 동해를 지켜냈을 해경함정이 다가서면서 어로한계선 월선 조업을 경고하는 방송을 시작한다. 해성호는 어로한계선인 38도 33분 00초에 인접해 있었던 것이다. 뭍 쪽을 보니 북녘 땅 금강산이 바로 건너다보인다. 휴전선은 땅뿐만이 아니라 바다에도 깊은 골을 파 놓은 것이다.

"현재 어로한계선인 북위 38도 33분 이북 바다 속에는 명태 등 돈 되는 어군들의 회유량이 적지 않을 겁니다. 헌데 맘대로 들어갈 수 있나요. 나라에서 법으로 정한데다가, 저쪽 아이들이 언제 변덕을 부릴지도 모르고요. 그 황금어장을 곁눈질로만 보자니 죽을 맛이지요 뭐. 한 34분까지만 늘려 줘도 가뭄에 단비가 될 텐데."

차 선장의 말인데, '어로한계선이 1마일만 북상되어도 명태만 3,000톤을 추가로 어획, 100억 원의 소득을 올릴 수 있으며, 남북 공동어장을 개발할 경우, 연중 400여 척의 어선이 조업 400억 원에서 500억 원까지 수익 증대가 가능하다'는 의견을 모아 나라에 건의하기도 했다.

말을 하면서도 연신 위성항법장치와 어탐기를 살펴보던 차 선장이 선속을 줄이자 영좌와 어부들이

몰려있다 잡힌듯 무더기로 올라오는 도루묵

이물 쪽으로 간다. '때그물 표시 깃발'를 가려내 건져 올리기 위함이다. 이 때는 저마다 표시가 있어 구별을 하는데, 제 5해성호의 경우에는 깃대 하나에 세 개의 기를 달았다. 북쪽 그물 끝은 가장 위에 매단 깃발을 하얀색으로, 남쪽 그물 끝은 그 깃발을 파란색이나 검은색을 달아 구분했다.

"도루묵 그물은 남쪽에서 북쪽으로 가면서 놓는 게 보통이죠. 수십 이백 미터 정도가 도루묵 유자망을 놓기 좋은 깊인데, 한 지기 두 지기 하는 식으로 셈을 합니다. 한 지기 당 보통 두 닥에서 세 닥의 그물을 연결하죠."

유자망 그물 한 닥은 한 묶음의 그물을 이른다. 이 한 닥의 길이는 오륙십 발. 한 발의 길이는 1미터 70센티미터쯤이다. 오십 발짜리는 녹색그물이고, 육십 발짜리는 그물

같은 바다에서 조업을 해도 양망되는 양은 들쭉날쭉하다

탈망을 위해 거진항에 부려진 그물

색이 흰색이어서 쉽게 구별된다 했다.

반면, 명태 그물은 수심 오백 미터쯤에 놓는단다. 그물 길이도 도루묵이 오륙십 발이 보통인데 비해 명태는 삼백 발에서 길게는 칠백 발까지 펼쳐 놓는다던가. 북풍이 분 이튿날 바다에 나가 보면 많이 잡히는데, 어찌된 일인지 요즘엔 아무리 북풍이 불어도 명태가 꿈쩍도 하지 않는다고 끌탕이다.

일단 때를 건져낸 승선어부들이 각자 위치로 간다. 기관장의 자리는 이물 쪽 롤러다. 도루묵이 달린 그물은 한 지기씩 천으로 둘러싼다. 그물을 올린 뒤에 선상에서 도루묵을 떼어 내는 작업을 할 시간적 여유가 없다. 한 어장에서 양망이 끝나면 곧바로 다음 어장으로 이동해야하기 때문인데, 곧 도루묵이 올라오기 시작했다.

제5 해성호를 비롯한 거개의 고성군 유자망 어부들의 짓가림제는 특이했다. 우선 선장부터 각 어부별로 개인 소유의 그물을 두 세 닥씩 어장에 깔아 두고, 그 어획물에

1	
---	3
2	

1 탈망을 마친 도루묵
2 도루묵 사이에 알이 뭉쳐있다.
3 탈망을 마친 도루묵이 운반되고 있다.

대하여 선세 명목으로 선주에게 20%를 내고 나머지를 개인 소득으로 하는 것이고, 자선장과 기관장은 어획량 전부를 개인의 몫으로 셈하는 것이다. 그러니 한 배를 타고 있으면 모두 동업 사장인 셈이요, 이를 '제짓따먹기'라는 명칭으로도 부른다.

명태나 도룩묵이나 어종에 상관없이 그리 계산한다는 설명. 그러니 양망과 투망을 할 때면 '너니 나니' 할 것 없이 온힘을 다한다는 것이다. 이렇게 개인 소유의 그물을 배에 싣는 일부터 입항한 뒤, 그물에

거진항, 도루묵철이면 밤늦도록 탈망이 이어진다.

서 어획물을 떼어 내는 작업은 각자가 알아서 할 일이다. 이때는 부인들을 포함한 온 가족이 매달리기도 하고, 때로는 이웃 아낙네들에게 일당을 주어 가며 작업을 해야 위판시간에 맞출 수 있는 것이다. 결국 어선 한 척당 적지 않은 고성군 사람들이 매달려 살아갈 수 있었다는 얘기다.

이날 제5 해성호 어부들이 잡아낸 도루묵은 125두름과 명태 한 두름. 한 사람당 스무 두름 이상의 도루묵을 잡아낸 셈이고 명태는 덤이었다. 도루묵 위판가는 한 두름에

도루묵도 말려 먹는다. 양양 물치항

2만 원. 결국, 차 선장은 자기 몫 50만 원에 선세 명목으로 30만 원의 수익을, 기관장은 50만 원을 벌었다. 영좌 등 세 명의 어부는 각자 50만 원에서 선세 10만 원을 뺀 40만 원을 번 셈이나, 여기서 두 명의 아낙네 그물 작업비로 5만 원 이상을 지급해야 했고, 나머지가 순수익인 것이다.

"아 매일 그 셈법대로 번다면야 걱정할게 뭐가 있겠어. 거기서 그물비네 뭐네 하고 차포 떼야지, 바다가 사납거나 주의보가 내리면 그냥 공쳐야지. 글쎄 한 보름이나 작업을 할까 말까?" 내 어림셈 엿들은 영좌가 하는 말이다. 하기야 매일 30만 원씩 꼬박 벌어들인다면 정말 괜찮은 장사다.

하지만, 괜찮은 장사는 절대 아니었다. 12월초에 잠깐 풍어를 이루던 도루묵은 점차 생산량이 떨어졌고, 명태는 입질조차 하지 않았다. '놀 수 없어' 바다로 나간 제5 해성호 어부들의 그물에는 달초 생산량의 3분의 1도 되지 않는 도루묵과 양은 많으나 '돈도 되지 않는' 새치 곧 임연수어 새끼들만 잔뜩 걸려 올라왔음이다. 밀레니엄 축제다 뭐다 하며 온 동해안이 떠들썩한 그 해 12월 31일. 제5 해성호 사람들은 끝내 '은어바지 구경'에 만족한 채 기묘년 묵은 그물을 거두어야 했다.

그리고 2000년 1월 2일, 거진위판장에서 20세기 첫 위판을 시작했으나, 방송에서는 여전히 '기상특보'만 날리고 있었다. "조급해 하면 뭣해, 날 좋아질 때까지 차분히 기다려야지. 정성껏 풍어굿까지 올렸으니, 이제 큰 눈이 오고나면 나기 시작할거야. 거진항이 명태천지가 될거라구." 제5 해성호 차 선장이 전화상으로 한말인데 그해 '굿빨'은 사년 뒤에 나 받았다던가.

알배기 도루묵 구이

되돌아온 거진항 한쪽에 사람들이 몰려있었다.

"정치망인데? 대박인가?" 차 선장 뒤를 따라 가보니 그이의 말대로 정치망 어선 구석구석까지 도루묵이 들어차 있다. 말 그대로 '도루묵 대박'이란다. 도루묵뿐만이 아니라, 그 알까지 '대박'이었다. 알록달록한 색에 골프 공 크기만 하게 동그랗게 뭉쳐있는 특이한 모양새의 도루묵 알이다.

이런 도루묵은 불기를 조금만 가해도 먹는데 지장이 없다. 하여 동해안 어부들은 '도루매기는 겨드랑이에 넣다 빼도 먹는다'는 말로 즐겨 표현한다. 그 뼈가 연하기 때문에 뼈째 함께 씹어야 제 맛을 느낄 수 있는 게 도루묵인데, 싱싱한 도루묵이 풍어를 이룰 때면 거진항 어부들은 '도루묵'회를 즐긴다.

바닷가에 사는 덕에 입맛 호사를 하는 셈인데, 거진항 주변 횟집에 가도 밑 안주 삼아 이를 손님상에 올려주는 곳도 드물지 않다. 그 옛날부터 도루묵은 어부들의 술안주 감이었다는데, 곁들여 도무룩 알까지 날로 먹으면 그 시원한 맛에 정신이 번쩍 들 정도라니 거진항을 찾을 양이면 횟집 주방장에게 부러 청해 먹어 볼 일이다.

한편, 동해안 어부들이 도루묵 풍어를 맞다보니 판매가격이 예년에 비해 크게 떨어진 것은 사실. 그러나 어부들이야 뭐든지 많이 잡혀 올라와야 신바람이 나는 생리를 지니고 태어난 이들 아니던가. '도루매기가 임금님 입에 맞아 은어가 되었다가 다시 도루묵으로 떨어지더니, 이제는 도로묵이 되었다'고 농담들을 할뿐 그리 애타지 않는 듯 했다.

본디 이름은 '묵어' 혹은 그저 '묵'이라 불렸던 동해안에 흔하고 흔했던 생선이 바로 도루묵. 그러다가 성은聖恩을 입어 은어가 되었다나. 이미 잘 알려진 그 '보편적 내력'은 이렇다. 고려 때_{혹은 조선 인조 때라는 설도 있다} 어느 해 늦가을, 함경도 피난길을 나선 한 임금님이 동해안을 지나다가 어부들이 올린 묵어를 맛보시고는 그 별난 맛에 반해 생선의 이름을 물었을 때 어부들이 아뢴 이름이 '묵'이었다. 그러자 임금님은 맛이나 생긴 모습이 묵이란 이름이 마땅치 않다며, '은어'란 새 이름을 내렸다는 것. 뒷날, 서울로 되돌아온 그 임금님은 바닷가에서 맛본 생선 '묵'을 잊을 수 없음에 다시 청해 수랏상에 올리게 했다던가. 그러나 다양한 찬에 다시 익숙해진 입맛이 피난길의 그 맛과는 당연히 다를 터. 이에 실망, 속 좁게도 '도루묵'이라 부르게 하고는 누구나 잡아먹을 수 있도록 하라 했다는 것이다.

강원도 옛 어부들의 입에서 퍼진 이야기로 여러 옛 서책에도 등장한다던가. 어쨌든지 고성군 어부들이 부르는 도루묵의 비공식 명칭은 여전히 '은어銀魚'로 나름의 지조를 지키고 있다.

도루묵은 11월에서 12월초까지가 본격적인 산란기. 하여 거진항에 입항하는 정치망 어선마다 잡아온 도루묵 무리 사이에는 때로는 초록색 혹은 보라색을 지닌 영롱한 알이 탁구공만 하게 뭉쳐있어 이채로웠고, 애처로웠다.

이렇게 알을 슨 어미 도루묵은 고성 아낙네들에게 '숫도루매기'라 불리며 잡어 취급을 당했는데, 그 맛이 별로인 까닭이다. 물론 연년이 도루묵 풍어를 맞은 이유도 있겠지만. 판장이나 어물전에서 여전히 대접받는 도루묵은 알을 슬기 전의 암놈으로 적잖이 일본 수출선을 탄다 했다.

북방어장 은어바지 명태와의 첫 눈 맞춤

달력에서는 한 달 후지만, 세기가 바뀌었다. 새천년이니 뉴 밀레니엄이니 하던 그 첫해에 폭설로 고성군 산과 바다가 멀미를 하고 있었다. 미시령 적설량 125센티미터, 그리고 진부령은 123센티미터라는 게 기상대의 발표였다. 그리고 벌써 일주일 째, 폭풍주의보가 내려있는 새벽의 거진항은 은빛천지다. 포구에 내린 적설량 40센티미터의 폭설. 눈삽만으로는 치울 엄두조차 내지 못하는 그 둔중한 눈더미가 강원도 고성군의 산과 바다, 마을까지 점령하고 있었다.

거진 토박이 어부들의 말로 '톱날 중에도 얼음 톱날'이라 불리는 본격적인 겨울파도가 한껏 날을 세우고 있는 앞바다. 연일 계속되는 주의보는 그물걷기를 고대하는 고성 어부들의 기대를 여지

풍어제 중 각 집안에서 내온 풍어굿상의 명태

광덕호 자망그물에 명태가 올라온다.

없이 무너뜨리고 있었다. 그렇게 눈과 톱날 파도에 묶여 보낸 사흘. 결국 그 다음 주가 되어서야 도루묵 조업현장에 나갈 수 있었다.

"에이, 아 보름 전에 왔으면 딱 좋았지 그러우. 한 200 두름 잡았었는데, 내일은 아마 출어하기 어려울걸? 북풍이 이래 센데 어디 배 띄울 수 있겠나?" 차진용 선장의 말. 승선 경험은 많다 해도, 바닷일 경험이라고는 전혀 없는 밖엣 사람이 좁은 배에 동승한다는 게 차 선장에게도 성가신 일일 터였다. 헌데 그것보다도 '어획량이 시원치 않아 날카로워진 승선어부들이 신경 줄'을 건드리지 않고 싶다는 게 그의 속내였다. 한 주일을 두고 이삼일씩 내리는 주의보며 기대치에 미치지 못하는 명태 어획량으로 하여 거진항 전체에 긴장감마저 도는 듯 느껴졌다.

새벽 6시다. '다행히 주의보는 내리지 않았지만, 해성호는 물론 대진항 명태잡이 어선들 대부분이 출어하지 않았다. 조업 상황이 이래저래 썩 좋지 않은 모양'이라는 연락

자망에 올라오는 명태 몇 마리. 연일 바다가 사나왔던 탓에 며칠만의 양망이다.

이다. 일정을 더 이상 미룰 수 없음에 지도선 동승을 보챘다. 아침 7시, 결국 고성군수협 지도선 새어민호에 승선, 40여 분간 동해 거센 파도를 부딪쳐 나간 끝에 몇 척의 고성군 선적 유자망 어선 승선어부들이 그물을 올리는 모습을 볼 수 있었다.

저마다 며칠 전 깔아두었을 그물을 거두어 올리고 있는 중이다. 헌데, 올라온다 싶으면 '파치'였고, 무엇이 있다싶어 초점을 맞추면 엉킨 그물. 첫 번째 만난 어선에는 다섯 명의 어부가 승선, 형편없는 어획량에 김빠진 모양새로 마지막 그물을 올리고 있었다. 출항 전에 들은 말대로 촬영하기에도 미미한 양의 명태가 그물에 띄엄띄엄 걸려 올라오니 카메라를 들이대는 일조차 민망할 정도다.

"명태는 가을철 북태평양에서 남하, 9월~10월에는 함경도 연안에 다다릅니다. 이후 계속 남하하여 11월~12월에 걸쳐 강원도연안 등 동해안에서 산란을 마치고 수온이 오르는 2월이면 다시 북상하는 어군이 큽니다. 물론, 여름철에 동해의 중부이북 해역의 수심이 깊은 곳에서 머물다가 연안 수온이 내려가면서 11~12월에 걸쳐 연안으로 접근하여 산란을 마치고 수온이 높아지는 2월 이후 다시 동해의 깊은 곳으로 이동해 가는 어군도 있지요. 이게 연구서에 나온 명태 회유 이론인데, 요즘에는 달라진 것 같아요."

탈망후 신선한 상태의 명태

내 생각을 눈치 챘는지, 지도선 이영춘 선장이 말을 건넨다. 이 선장은 이 말을 하면서 미성호로부터 지도선 뱃머리를 돌리고 있었다. 다른 배를 찾아 나선 것이다. 멀리 갈 것도 없었다. 5분 거리에서 조업하는 다른 유자망 어선 조업 상황을 알기 위해 무선 연락을 취하자 새어민호 수신기 돌아오는 답은 이랬다.

"새벽부터 그물 20닥 거둔 게 아직 100마리도 못 채웠어. 그물

90년대 초까지도 명태는 넉넉하게 잡혔다.

좌 90년대초 강원도 거진항 아낙네들의 탈망작업이 한창이다.
우 탈망작업을 위해 그물에 얽힌 명태를 옮겨주는 어부

수선비에, 기름 값에 오늘 출항에 버린 돈이 30만 원이 넘겠는데…" 그 선장의 말대로 뱃전의 어부나, 배 바로 곁에서 흔들리는 파도에 몸을 맡기고 있는 갈매기나 명태 올라오기를 기다리는 모습은 마찬가지다. 그래도 아쉬워 렌즈를 고정시킨 채 양망이 끝날 때까지 기다렸다.

"요 몇 년 명태자망바리는 썩 재미를 보지 못했지요. 수온상승이다 뭐다 해서 명태가 휴전선 아래인 이 바다로 내려오지 않는 겁니다. 그러니 맨 홋카이도 근해에서 잡아들여온 '일본태'와 북한태, 원양태가 판칠 밖에요. 아, 오죽했으면 지난해 고성군청에서 어부들에게 구호미라며 가마니 쌀을 다 주었을라고요." 이 선장이 덧붙인 말인데, 보태고 뺄 것 없이 참 걱정스런 우리 바다의 현실이었다.

"고성 어부들의 명태잡이에 동원되는 것은 연승과 자망 두 가지 어법이 대표적입니다만, 보세요, 몇 척 나오지도 않았지만, 맨 자망어선이지 연승 어선은 보이지 않지요?

3,000개 안팎의 낚싯바늘을 힘들게 꿰서 바다 속에 던져 넣어 보았자, 명태 구경이 어려우니 요즘 조업하는 이가 아예 없더라고요. 그런데도 어물전이나 외지 식당에 가면 '낚시태'니 뭐니 해서 생태가 지천이라니 참. 뭐긴요? 일본태지요."

이영춘 선장은 거진항에서 낚시태 구경이 힘들게 된 게 사실로 여겨지지 않는다며 한숨까지 내쉬었다.

알려져 있다시피 연안명태는 지난 70~80년대까지만 해도 연간 1만 5,000톤 이상 잡히면서 우리 바다의 대표적인 겨울철 생선 역할을 했었다. 이중 강원도가 국내 어획량의 90퍼센트 이상을 차지했으며, 한 시절엔 주문진항과 묵호항의 위판장에도 명태가 깔리고는 했다. 90년대 이후 어획량이 매년 감소하면서 10여 년 넘게 흉어가 계속되고 있으니 걱정스러울 밖에.

수산전문가들은 이런 명태 어자원 감소 현상의 대표적 원인은 80년대 후반부터 시작된 지구 온난화 현상으로 인한 연안 해역 수온 상승에 따른 일이라고 여긴다. 냉수성 어종인 명태 서식 적수온은 3~4도이다. 7도를 웃도는 온도까지 올라가는 경우에나 0~2도 정도의 낮은 온도에서는 명태들의 서식밀도가 줄어든다던가. 그러니 회유성 어종인 명태는 자신에게 알맞은 온도로 이동해 가는 수밖에. 게다가 대형 어선들이 마구잡이식으로 잡아낸 게 어린 명태 노가리임에랴.

명태 어획량이 두 자리 수로 떨어진 지 이미 몇 해째. 명태의 본고장 고성군 거진읍 소재 음식점에서까지 일본 어부가 잡은 생태를 먹어야 한다니 갑갑한 일이 아닐 수 없다. 어부들조차 '이러다가 명태를 액자 속에서나 봐야 되는 거 아냐?'라고 농담을 한다던가.

자망그물에 얽힌 상태로 탈망 작업을 앞둔 명태

홋카이도 등 일본에서는 그물명태는 제쳐두고 낚시태 어획량까지 여전하단다. 우리나라로 적잖이 수출할 정도로 넉넉하게 잡아내지만 막상 일본사람들은 우리만큼 명태를 좋아하지 않는다. 하여, 그 싱싱한 놈들로 어묵이나 만들어 낸다니 부럽기만 하다.

　한편, 은어받이와의 눈 맞춤은 나흘째 되는 날, 북방어장에서 이뤄졌다. 북방어장은 고성군 어부들이 어선어업을 하는 대부분의 어장이 그렇듯이 하늘과 바다가 허락하고 남북한 분위기까지 좋아야 입어가 가능하다.

　두 번째 열리는 명태축제를 하루 앞둔 급박한 상황, 새벽 여섯시 거진출입항신고소에 들러 30분 뒤의 출어 시간을 기다렸다. 연이어 들리는 자망 어선들의 시동 소리에 곧바로 다시 새어민호에 올랐다. 거진항에서 북방어장까지는 13노트 새어민호로 한

2000년대 중반이후 금태라 불리며 위판장에 오른 명태

시간 남짓한 뱃길이다. 날씨는 쾌청, 웬일인지 파도도 동해안 치고는 시늉뿐이라 할 정도다.

7시 30분 해경함정에서 무선이 날아온다. 이른바 출어점호다.

곧 바로 그물을 올리는데, 어획량은 썩 달갑지 않은 정도지만, 명색만은 귀한 명태 아닌가. 100미터 안팎 그물 한 닥을 올려야 두세 마리의 명태가 올라온다. 명태가 그 잘난 얼굴을 내밀 때마다 조바심을 내며 연신 셔터를 눌러댔다. 평균 스무 닥 씩 깔아둔 유자망 그물을 올리는데 소요된 시간은 한

앞 천에서는 명태를 해동하고 뒷산에서 얼말린다.

시간 반. 철망작업이 다 끝나가도록 주렁주렁 걸린 명태는 보이지 않는다. 잘 잡은 배가 100마리 정도. 오가는 연료비를 제하고 나면 승선어부 인건비에도 모자랄 양이라는 게 이 선장의 설명이다.

"기름 값 감당이 어려우니 출어를 포기하는 경우도 적지 않습니다. 서로 눈치를 보다가 좀 난다하면 4일도 좋고 일주일도 좋고 그저 한 번 나가보는 식이지요. 지난해 1회 축제를 앞두고 며칠 동안은 명태가 잡혀 겨우 체면치레는 했는데, 올해는 영 아니네요." 이 선장의 실망 섞인 말이다.

"일찍이 명정구 박사 등 수산학자들이 수차례씩 경고했었습니다. 노가리 남획이 가져 올 명태 흉어에 대해서죠. 체장 27센티미터 이하의 명태를 잡지 못하게 했던 금지령이 지난 70년 해제되면서 80년대 초반까지 노가리라 불리는 어린 명태가 싹쓸이하듯 잡혀 올라왔기 때문입니다. 동해수산연구소에서 밝힌 내용대로라면 70년대 후반 이후 80년대 초반 사이에 잡힌 명태의 90% 이상이 노가리였답디다. 명태 자원이 급격히 고갈되자 지난 96년부터 10센티미터 이하의 어린 명태를 잡지 못하도록 정했다. 2003년에는 15센티미터 크기까지로 확대했다 물론, 아열대 어류가 눈에 띠게 느는 등 지구온난화에 따른 우리

동해 수온 상승도 큰 원인이죠. 북한 해역을 쌍끌이로 훑고 다니는 중국어선들 등쌀에 고성 바다로 넘어올 명태가 없다는 어부들의 주장도 당연합니다만…"

어부들이 하늘 살피는 일은 물론이려니와, 나라 안팎 분위기까지 눈치를 봐야하니 성가시기만 한 북방어장 조업에 매달리는 이유 역시 마찬가지다. 어로한계선 부근과 그 위쪽 바다엔 명태가 웬만큼 있으리라는 기대 때문이다. 그러니, 고성 명태잡이 어부들은 마구잡이 식 중국어선들 대신 남북 어부들이 공동어로 협약을 하고 함께 조업을 했으면 하는 것이다. (연안 명태는 지난 2007년 35톤의 위판량을 기록한 이후 공식통계에 잡히지 않고 있다)

바다에서 태어나
산에 올라 얻은 이름, 황태

한겨울, 고성 어부들이 애를 써서 잡아낸 명태가 산에 올랐다가 내려오면 이름이 바뀌니 황태다. 명태가 그물코마다 꿰어져 이물간에 켜켜이 쌓이던 시절, 적잖은 명태가 산으로 올려졌다. 산에 오른 뒤, 여러 손길을 거쳐 덕장에 걸리고, 동해 칼바람 못지않은 산바람을 마주하다보면 거죽이며 그 속살이 누런색으로 바뀌니 황태다.

예로부터 많이 잡히는 까닭에 '서해 조기요, 동해 명태'라 했다지만, 이제는 '서해 굴비요, 동해 황태'라는 게 옳은 말일지도 모른다. 싱싱한 생물은 꿈도 꿀 수 없었던 서울내기들이 그나마 쉽게 대할 수 있던 가공어류 중 대표라 불릴만한 것들이니.

조기는 그런대로 단순해 염장을 하는 순간부터 굴비로 변하지만, 명태는 잡히는 계절이며 어법, 말려내는 방법에 따라 그 이름이 달라지는 것이다. 예컨대, 고성군 간성 앞 바다에서 잡은 생태 곧 온전한 명태는 '간태'가 되고, 우리 바다에서 잡힌 놈은 '지방태'라 불리는데, 이도 계절에 따라 겨울 도루묵 떼를 쫓아 고성 앞 바다에서 잡혀 올라온 것은 '은어바지'요, 음력 섣달 초순부터 떼를 지어 잡혀 올라오는 것은 '섣달바지라'라 불린다.

황태로 가공되기 위해 해동중이 북양태

좌 수입되어 동해항에 부려진 북양태
우 해동되어야 명태로서의 제 모습을 찾는다.

반면, 북태평양 등 먼 바다에서 잡혀 얼려온 놈은 '원양태'라 분류된다. 게다가 그물로 잡은 것은 '망태^{그물태}'라 하고, 연승 등 낚시로 잡아낸 것은 '낚시태'라 했다. 여기에 가공방법에 따라, 얼리면 동태요, 바닷바람에 말리면 북어라 불리며, 산란하고 나서 살이 빠져 뼈만 남은 놈은 따로 '꺽태'다. 대가리 어디께 새끼줄을 꿰어 말린 놈은 '코다리'가 되고, 어린 명태를 말리면 따로 노가리라 부른다.

'덕장애비'들 피 말리는
산山 작업

어느 갯것이든지 많이 잡힌 것일수록 어촌에 전해지는 가공이며 보관 방법이 다양하기 마련이다. 조리법 역시 지방에 따라 다르다 할 정도로 갖가지 이름으로 상에 오르는 게 당연한 이치다.

이중 명태는 예로부터 동해안에서 대량 생산되면서 어떤 이름으로든 사계절 내내 서민들의 밥상 한 쪽을 차지해 온 만만한 반찬거리이자 술안주였다. 그 살에는 해독성분이 들어있어 전날 황태찜에 구이로 술을 마신 술꾼들의 이튿날 아침 밥상에는 다시 황태국 혹은 북어국이라 이름만 달리한 뜨끈한 해장국으로 올라와 탈난 위장을 달래주기에 부족함이 없었다. 뿐이랴, 어렵던 시절 연탄가스 중독에도 김치 국물과 함께 민간 처방으로 쓰였다. 특히, 조림 무침 부침이나 구이 등 조리법이 다양하면서도 썩 어렵지 않아 손맛 들기 전의 새댁들도 시댁어른들께 칭찬을 받게 해주었다던가.

봄철, 눈썰미 좋고 손맛까지 남다른 아낙네들이라면 저잣거리 건어물상에서 제대로 말려낸 황태만 골라 값을 치렀는데, 봄이라야 제 맛이 든 황태가 대도시 저자에 등장했음이다. 그 육질에 찬바람이 들어 얼말려지면서 단련된 살을 방망이질로 한결 더 연하게 한 뒤, 그 살 속마다 온갖 양념이 배어들게 하면 식구들 너나없이 젓가락이 몰렸다.

특히, 매운 양념을 하면 더덕북어라며 나이 지긋한 집안 어른들이 좋아했다는데, 땅속에서 캐낸 더덕 역시 빨래방망이로 두들겨 맞아야 속살이 올올이 흩어지면서 씹는 맛이 더해지고 매콤한 양념이 속속히 배어들기 때문이었다. 황태든 더덕이든 상에 올리면 웬만해서는 황태인지 더덕인지 가름 할 수 없었을 정도였단다. 그런 시절에야 황태 하면 그저 연안에서 잡힌 명태로 얼말린 것이었다.

90년대초 묵호 산동네에서 해풍에 건조된 명태

강원도 진부령 덕장에서 얼말려지는 황태

그러구러 80년대 후반이 지나서면서 지방태 생산량이 격감했고, 그 생태만으로는 소비량을 맞출 수 없게 되었다. 연안황태가 이미 귀한 몸이 되기 시작했다는 얘기다.

어쨌거나, 본래의 황태 만들기는 먼저 고성군 앞 바다에서 잡아낸 명태 중 제 모양이 살아있는 놈만 골라 인제 진부령이며 강릉 대관령 산간마을로 옮기는 일에서 비롯되었다. 예나 지금이나 진부령과 대관령은 황태덕장으로 유명한 곳. 강원도의 다른 산간지방과는 달리 예로부터 서울로 가는 길이 뚫려있어 완제품 황태를 실어내기에 편한 덕이었다.

진부령이나 대관령 산골짜기 중에서도 바로 곁에 냇가가 있어야 덕장으로 제격이었는데, 이는 바닷가에서 상자에 담겨오면서 얼어붙은 명태를 해동하는 작업이 한결 편한 때문. 두 번째 조건은 밤 기온이 영하 15도 안팎이 유지되어야 하고, 산바람이 잘 통하는 한편, 낮에는 햇빛이 잘 들면서 눈도 웬만큼 내려 쌓이는 곳이어야 최고의 적지로 여겨왔다. 지금도 진부령 주변인 인제군 용대리에는 크고 작은 황태덕장이 30여 개. 대관령이 들어있는 평창군 횡계리 일대에도 열 댓 곳이 '황태밭' 노릇을 하고 있다.

왕년에는 명태를 싣고 오는 '화주'와 덕장을 관리하는 '덕주'가 따로 있었으되, 세월이 변한 요즘에는 서너 명의 화주가 공동으로 덕장을 마련해 운영하는 경우도 드물지 않고, 얼려진 채 실려 온 '원양태'는 고성이나 속초며 주문진 등 전문 해체공장에서 모든 손질을 끝내는 요즘이다.

우리나라에서 한 해 수입하는 원양태는 2만 톤 안팎. 3통부터 15통 크기로 구별되는데, 이중 3통 혹은 대*태라 불리는 크기의 냉동명태들만 산에 올랐다가 황태로 다시 태어나는 것이다.

전날 밤부터 거진이며 속초에 부려진 냉동 원양태는 할복과 염기를 빼는 밤샘 작업을 거쳐 새벽녘에야 트럭에 실려 덕장으로 온다. 진부령 덕장은 대개 고성군 거진항과 속초항에서, 대관령 덕장에는 베링해와 오호츠크해에서 잡힌 뒤 주문진에 부려졌다가 손질을 마친 냉동 원양태를 실어온다 했다. 그저 얼말리는 장소로만 산중이 선택되는 것이니 격세지감이랄까.

어쨌거나, 덕장애비덕장의 남자 일꾼들의 본래 작업은 일단 실어온 언 명태를 먼저 어상자

출하시킬 황태를 옮기는 덕장애비

모양으로 얼은 동태를 통째로 냇물에 던져 넣어두었다가 웬만큼 시간이 지나 해동이 되어 한 마리씩 떨어지면 이를 해체 작업장에 올렸다. 해체 작업장에서는 아낙네들이 알이며 내장에 아가미까지 분류해 알은 명란젓으로 만들고, 그 내장은 창란젓, 아가미는 '서거리젓'으로 만들어 저자에 내는 것이다.

한편, 냇물 속에 몸을 담근 덕장애비들은 해체된 명태를 다시 민물에서 그 거죽과 속을 깔끔하게 씻어낸 뒤 '상덕'이라 하여 소나무로 칸을 나눈 덕장에 거는 작업에 들어갔다. 물론, 요즘에는 다르다. 새벽녘에 항구에서 손질이 끝난 명태를 트럭에 싣고 와서 7시부터 11시까지 상덕작업을 한다. 오전 중에 상덕이 끝나야 제 모양의 통통한 상태로 손질하는 작업이 손쉽기 때문이다.

산중에서 이뤄지는 상덕작업은 보통 12월 중순부터 이듬해 1월말까지지만 이후 작업은 셀 수 없이 많다. 2월 하순까지 눈이 많이 내리는 기간이 최악의 노동조건이다. 이튿날 새벽부터 허벅지 까지 쌓이는 눈길을 헤쳐 나가며 명태 위에 쌓인 눈을 일일이 털어내 입에 눈이 들어가지 않게 하는 작업이 이어진다. 눈이 몸통 안에 들어가면 그만큼 더디 마르기 때문인데, 그 일이 보통 성가신 게 아니라던가. 이게 끝이 아니다. 애써 걸어놓은 명태가 밤의 산바람과 낮의 햇볕 아래 석 달 열흘간의 얼말림이 끝나 황태로 불리는 춘삼월이 되면, 어장애비들은 다시 관태작업으로 황태화 마무리에 들어가는 것이다.

"관태 전에도 수시로 '먹태'나 '무두태'를 골라내야 하고, '파태'와 '골태'도 추려내야 합니다. 날씨가 유난히 추운 겨울을 산에서 보냈다면 거죽에 흰색이 많이 도는 백태가 되고, 반대로 날씨가 온화했다면 거무튀튀해져 '먹태'라 불리게 됩니다. 바람에 지들끼리 부딪치다가 대가리가 잘려나간 것이 말 그대로 '무두태'요, 몸체가 찢어져 나간 놈은 '파태', 날씨가 푹한 탓에 얼말림이 잘못 된 놈은 우리말로 '골태'라 부르지요."

덕장애비의 설명인데, 제 색이 도는 황태를 스무 마리씩 꿰고 이를 엇비슷하게 켜켜이 쌓아 바람을 쐬는 작업인 '구멍가리'를 거쳐 포장작업까지 마쳐야 비로소 '황태'라 불리는 상품이 된다는 얘기다.

제맛 든 명태와
상품上品 황태 맛

저잣거리에서 상품으로 여겨 주는 황태는 이렇게 여러 손을 거치면서 석 달 열흘이 넘게 얼말림을 끝내 살 속에 바람구멍이 생겨나 포슬포슬하고, 그 색깔이 누렇게 익은 것들. 이런 황태라야 찢으면 더덕처럼 부드럽게 찢기고, 끓여내면 뽀얀 국물이 우러나는 것이다.

한편, 가곡 '명태'의 노랫말처럼 '외롭고 가난한 시인이 밤늦게 소주를 마실 때 쫙쫙 찢어지어…' 그 시인의 안주가 되어주는 게 황태요리의 전부가 아니다. 특히, 고향을 북에 두고 온 이들은 고향 먹을거리에 대한 추억이 대단한데, 대표적으로 꼽는 것은 저자에 흔한 구이나 국이 아닌 '황태찜'. 그 매콤하면서도 본래의 살맛을 유지시키는 게 찜 요리의 포인트라는데, 곁들이는 콩나물로 하여 매운 혀가 달래지기도 한다.

더불어 이름 붙은 명절이면 '황태 보푸라기'를 차례 상에 올리기도 했다. 먼저 마른 황태의 가시를 솎아내고 속살을 숟가락으로 살살 긁어내면 그 살 부스러기들은 솜처럼 부풀어진다. 이렇게 세 뭉치의 양을 만드는 게 먼저 할 일. 여기에 참기름 설탕 깨소금으로 밑간을 하고, 다시 소금양념 한 뭉치, 간장양념 한 뭉치, 고운 고춧가루 한 뭉치 식으로 삼색을 들여 만드는 것이다. 만드는 정성도 그렇지만, 그 맛

상 생태맑은탕 안에 들어있는 싱싱한 명태살
하 싱싱한 명태알이라야 가능한 요리 명란찜

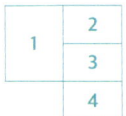

1 명태코다리찜
2 명태서더리깍두기
3 시원한 황태탕
4 황태요리솜씨대회에서 선보인 황태백김치는 평창의 향토음식이다.

이 워낙 부드러워 나이 지긋한 이들이 특히 좋아라했던 전통 음식이다.

황태는 일반 생선보다 저지방2%에 칼슘과 단백질56%이 풍부하고 메치오닌과 같은 아미노산이 많아 건강식품으로 몸에 매우 이롭다고 한다. 영양분이 뛰어나며 특히 술국이나 속풀이 숙취에 특효. 특히, 간장해독·혈압조절·노폐물 제거에도 도움이 되고 한의학 계통에서는 해독약으로 응급처방에 사용하기도 했다.

겨울

04

문어

단지와 돼지비계의 유혹
전통 문어잡이

~~~~

한가위는 어부들에게도 대목이다. 한가위 차례 상차림에 빼놓는다면 섭섭한 전통음식 중 다양한 수산물이 자리를 차지하기 때문이다. 중부내륙과 서해안 제상과 차례상의 조기, 호남 잔칫상의 홍어처럼 강원도에서 경남에 이르는 지역, 특히 동남해안 사람들은 이름 붙은 날이면 상 위에 문어 올리는 일을 잊지 않는다.

어동육서魚東肉西니 상 동쪽 자리에 오롯이 오른다. 통째 삶아진 뒤, 몸통 곧추세우고 여덟 개 다리를 쫙 편 당당한 모양새로 손질되니 제상의 품격마저 높여주는 듯하다. 사정상 제수 문어를 구하지 못했으면 좌포우혜左脯右醯니 상 왼쪽에 문어포 혹은 문어오림이라도 번듯하게 올려야 한다는 주장도 있다. 문어가 오르는 것은 한 집안의 제상뿐만이 아니다. 어촌 풍어제 굿상차림에도 문어가 없으면, 굿을 주재하는 무당의 입을 통해 용왕의 서운함이 낱낱이 전달될 정도로 대접받는 해물이 문어다.

제수용으로 모양을 잡아 삶아낸 문어

문어,
집에 대한 집착

'팔초어는 경상도와 전라도, 황경도, 강원도 등 서른일곱 고을의 토산품으로 올라있는데, 팔대어라고도 부른다'는 게『동국여지승람』에서 문어를 이르는 말이니, 이 나라 바다 치고 문어가 나지 않는 곳은 없을 터. 그러나, 그 문어의 종류나 잡는 방법은 지역에 따라 차이가 난다.

강원도와 경북 지방에서 주로 잡히는 문어는 대문어^{물문어} 종류가 주를 이루며, 거제나 통영, 완도와 여수 등 남해안에서 잡아내는 것은 거개가 참문어이다. 특히, 거제 사람들은 이 참문어를 '돌문어'라고 부르는데, 그만큼 살이 여물다는 얘기겠다.

알려졌듯이 문어는 지능이 높다. 개의 지능을 능가한다고 우겨대는 동물학자도 있다. 축구 바람을 타고 예지력이 뛰어나다며 유명해진 문어도 있다. 지난 2008년 유럽축구챔피언십 대회 때부터 독일 축구팀의 경기 승패를 예견했다던 '파울'이다. 파울은 남아공 월드컵 기간 동안 독일 경기 7번과 결승전 결과를 모두 정확하게 예측해 세계적인 문어 스타가 되기도 했었다.

문어잡이 어부들은 '문어 지능이 높고 예지력까지 뛰어난지는 몰라도 경험상 두 가지 습성은 확실하게 안다니 바로 대단한 집착과 호전적인 성격이다. 단지로 문어를 잡아내는 남해안 어부들은 집에 대

경남 고성 어부 용문장 씨가 문어단지를 거두어 올리는 순간

좌 여명 전의 새벽 조업에 나선 경남 고성 용문장 씨와 부인이 단지 속 문어를 낚아채는 순간
우 부부조업의 장점은 분업화이다. 용 씨가 양승한 문어단지를 투승하기 좋게 정리하는 아내

한 집착이 대단한 게 문어라 주장하고, 강원도 토박이말로 '지가리'로 문어를 잡는 연승 어부들은 공격성과 함께 먹이에 대한 유별난 집착을 예로 든다.

"속에 들어가 웅크리며 버티는 놈, 나오라고 단지를 '쇳대'로 통통 처대도 애들 말로 한동안 개기다 은근슬쩍 기어 나옵니다. 집 빼앗기기 싫다고 반항하는 거죠."

경남 고성군 동화리, 자그마한 어선을 타고 앞 바다에서 단지로 문어를 잡아내는 용문장 씨의 경험담인데, 용 씨 처럼 고성과 거제, 여수 등 남해안 여러 어부들이 문어를 잡아내는 주 어법은 '문어방房' 혹은 문어단지라고 불리는 어법으로 국립수산과학원에서는 어구분류상 은신함정류隱身陷穽類로 정의한다.

바다 속 은밀한 서식처에서 숨어살기에 집착하는 문어 습성을 이용해 잡아내는 방법이자, 우리 전통어업 중 하나인 문어방은 주꾸미를 잡는 소호蛸壺, 일명 '소라빵'과 엇비슷한데 주꾸미의 소라껍질 대신 단지를 이용한다는 게 차이점이다.

『전어지』에서 밝히고 있는 우리 본래의 문어잡이는 문어단지라 하여 작은 질항아리 구경 13센티미터, 깊이 20센티미터 쯤 되는를 줄줄이 밧줄에 달아매고 문어가 있음직한 바다 속에 넣어두었다가 어느 정도 시간이 지난 뒤에 다시 출어해서 단지를 일일이 거두어들이는 방

좌 거제도 단독조업 어부가 문어단지를 양승하는 순간
우 문어단지를 투승하는 순간의 거제 어부

법이었다.

 허나, 이즈음의 남해안 문어잡이 어부들은 옹기 대신 공장에서 찍어낸 전용 플라스틱 단지를 이용한다. 옹기 구하기가 어렵기도 하려니와, 조업 도중에 쉽게 파손되거나 어한기에도 간수하기가 까다로운 옹기보다는 반영구적으로 쓸 수 있는 플라스틱 전용 단지가 생산되고 있음이다.

 이렇듯 문어단지는 옛 어부들이 즐겨 쓰던 작은 질항아리에서 플라스틱 단지로 재질만 바뀌었을 뿐 어법자체가 달라진 것은 아니다. 어느 것이나 밑에 구멍을 뚫어놓아 어부들이 양승을 할 때 속에 든 물이 빠져나가며 가벼워지도록 고안되어 있다.

 질항아리에 비해 개량된 부분도 있다. 해류나 조류 흐름 탓에 단지가 불안정하게 움직여 문어가 위협을 느끼지 않도록 플라스틱 단지 한쪽을 시멘트로 채워 바다 속에 닿았을 때 고정효과를 높인 점이라던가, 문어 거죽 색깔과 비슷한 암갈색으로 만들어

전속 항진하는 어선에서 문어단지가 투승되는 순간

상 투승되는 즉시 바닷속으로 빨려들어가는 문어단지
하 어부들이 요즘 사용하는 플라스틱 문어단지

놓은 것도 그렇다.

용 씨 부부 등 경남어부들도 플라스틱 단지를 이용해 문어를 잡아낸다. 모릿줄에 수백 개의 단지를 달아맨 뒤 바다 속에 며칠 동안 드리워놓는다. 이튿날부터 물때에 맞춰 나가 일일이 거둬들이며 속을 들여다보다 문어를 빼내고 단지를 다시 바다 속에 투여하는 식이다.

단지의 옴팍한 주둥이마다 아랫줄로 묶고 이 줄을 적당한 간격으로 모릿줄에 묶어 놓는 단순한 어구다. 미끼 따위도 필요 없다. 해가 있는 동안 바위틈 혹은 작은 굴에 웅크리고 있던 문어 눈에 이 단지가 띄면 '이게 웬 떡'하며 기어들기 때문이다.

"큰 태풍 뒤끝이라 그런지 아직 문어도 없고, 크기도 자잘 하네요. 뭐 곧 나아지겠죠."

경력 30년, 욕심대로 되지 않는다는 것을 일찍감치 깨달은 어부만이 할 수 있는 말이다. 단지 거두는 일은 용 씨가 하고, 속을 들여다보고 문어를 챙겨 어창에 담는 일은 부인이 도맡는다.

확인을 끝낸 단지는 좁은 어선 한쪽에 차곡차곡 쟁여놓았다가 양승이 끝나면 배를 다시 반대로 돌려 투승을 하고는 다음 어장으로 향하는 식으로 조업한다.

이튿날 동승해 나간 거제 다포마을의 문어잡이 어부들의 조업 모습도 규모만 다를 뿐 용 씨 부부와 다를 바 없었다. 어선 이물간 그득 실려 있는 것은 문어단지. 일단 미리 점찍어 두었던 어장에 도착하면 투승부터 한다. 수심 20미터 이상 90미터쯤 되는 청

단지 속에 들어있던 문어를 들어보이는 거제 어부

정바다다.

어선의 속도를 높이면서 문어단지를 던져 넣는 것이 투승작업. 이때 모릿줄에 매다는 단지간의 간격은 보통 4미터 안팎으로 잡는데, 이렇게 해야 투승이나 양승 때 단지끼리 얽히는 것을 방지할 수 있기 때문이란다.

문어잡이 어선에 실려 있는 단지마다 모릿줄과 아릿줄을 둘레둘레 달고 있어 차곡차곡 쟁여놓은 게 아니라, 그저 얽혀 있는 것처럼 보이지만, 투승할 때 살펴보면 얽히는 것이 한 개도 없을 정도이니 예전부터 이어져 내려온 어부들의 지혜가 놀라울 뿐이다. 이렇게 이물에 쌓아놓은 단지는 위에 것부터 투승을 하고, 다시 양승을 할 때는 그 역순대로 쟁여놓으면 되는 것이다.

문어잡이 어선 한 척이 싣고 나가는 단지는 1조가 보통인데, 이 1조의 단지 수는 400개에서 많게는 1,200개에 이른다. 일단 투승을 마친 뒤에 하루나 이틀 전에 미리 깔아 둔 단지를 거두어들인다는 설명이다.

그 작업이 단순하다보니, 거개의 거제 문어잡이 어선은 자선장 혼자서 조업을 하는 게 예사라 했다. 나름대로 어법 개량을 했기 때문이다. 개량이라고 해야 롤러를 설치한 게 전부이지만, 이로써 단 한 사람만 승선, 조업을 할 수 있음에랴.

문어의 대단한 호전성

지가리 어부들도 단독조업이다. '지가리', 강원도 고성에서 동해시에 이르는 문어잡이 어구를 이르는 동시에 문어잡이 어부를 지칭하기도 하는 말도 된다.

네이버사전에는 '지가리 : 문어 낚시 문어를 잡는 낚시 어구(漁具)의 북한어'라고 단순하게 밝혔다. 이에 비해 "찌에다가 이리 갈고리를 달았으니 듣고 알기 쉽게 찌가리 찌가리 하다가 지가리로 변한 거 아니겠습니까?"라고 반문하는 고성군 거진항에서 만난 문어잡이 어부 구용진 의견이 사뭇 그럴 듯하다.

좌 문어잡이 어구 지가리를 투승하는 순간의 강원 고성군 문어잡이 어부 지가리
우 여명의 바다위에 떠있는 문어잡이 어구 지가리

　북한말에도 등장하는 것으로 미루어 그 옛날부터 북녘 어부들도 문어잡이 방법으로 써왔을 것이고, 한국전쟁 당시 피난 온 일부 어부들이 전파했을 것이라는 추측도 가능하다. "글쎄요. 일리가 있지만, 일전에 동해시 묵호항에서 만난 아흔 살도 넘은 원로 어부는 자신이 어릴 때부터 이미 지가리를 하는 동네 어부가 있었다던데요?" 다시 구용진 씨의 전언이다. 그이는 지난 2006년부터 몇 년 동안 동해안 문어연승협회 회장을 맡아해 왔음에 지역 전통어구 보존을 위해 어원이나 어구 등에 대해 자체 조사한 바가 있었다는 것이다.
　어찌하였든 구 씨가 맡았던 직책에서 보듯이 전통어업 '지가리'는 수산계에서 문어연승어업이란 용어로 순화, 사용하기를 권장하고 있다.
　이런 지가리의 구조부터 살펴보자. 봉돌이 있고, 봉돌에 여섯 개의 길쭉하면서도 날카로운 낚시바늘이 활짝 편 모양새로 달려있다. 한때 납덩이를 둥글납작하게 녹여 사용했으나, 바다생태계에 납이 끼치는 해를 안 뒤부터는 바다 속에서 녹아 분해되는 '특제 봉돌'을 사용한다. 이 봉돌에 미끼를 매다는데, 그게 여행객들의 웃음을 자아내게 했으니 돼지비계이기 때문이다.
　요즘에는 많이 달라졌다. 붉은 색 바다가재를 본 따 만든 미끼를 사용하는 어부가

1		3
2		
4		5
6	7	

1 투승했던 지가리를 건져올리는 순간
2 지가리에 눈을 둔 채 뒷발질로 능숙하게 배를 몰아가는 구용진 씨
3 지가리에 업은 채 올라오는 순간의 문어
4 온몸을 활짝 펴보이는 문어
5 크고 작은 놈이 연신 잡혀올라오니 손맛이 좋다는 구씨
6 문어를 움켜쥐는 순간
7 문어를 움켜쥔채 양승하는 순간

있는가 하면, 고성군 어부들은 수도관 동파방지용으로 판매되는 스펀지로 대신하기도 한다. 일명 반짝이가 덧입혀진 재질. 돼지비계가 비릿한 냄새로 문어를 유혹한다면 '반짝이 스펀지'는 수중에서 반짝하고 빛을 내는 반사광으로 문어의 호전성을 돋운다는 설명이다. 그것도 부족해 빨간 천 하얀 천 등을 묶어 조류에 하늘거리게 해놨으니 움직이는 거라면 무조건 달라붙고 볼 정도로 전투적인 문어의 관심을 끌기에 충분한 것이다.

이런 봉돌과 미끼는 긴 나일론 줄을 이용해 '떼'와 한 줄씩 연결한다. 수심에 따라 풀고 감을 수 있을 정도의 긴 줄이다. 떼는 네모지게 자른 스티로폼 겉을 나무판대기나 두툼한 나무껍질로 덧댄 것이어서 부력이 좋다. 동해안 어부들이 채비해가는 지가리 개수를 협회에서 50개로 한정해놓았다 했다. 문어 남획을 막기 위한 조치겠다.

문어잡이 어부 구용진 씨의 출어시간은 새벽 4시 반쯤. 어장은 15분 거리의 거진읍 소포리 앞 바다였다. 물때 등 바다사정을 살피던 그이가 지가리를 던져 넣기 시작할 즈

미끼로 돼지 비계를 꿰어놓은 지가리

돼지 비계에 미련을 버리지 못한 문어가 걸려올라오는 순간

음 동이 터 온다. 날이 밝아야 문어가 업힌 떼의 움직임을 살펴볼 수 있다. 구 씨가 양팔 간격을 좁혔다가 활짝 펼치기를 반복하면서 풀어낸 스물다섯 발 깊이의 바다 속이다. 누워있던 떼가 곧 두섰다 눕기를 반복하면 문어가 업힌 것이라 여긴다. 이때의 업혔다는 뜻은 낚싯바늘에 문어가 꿰었다는 얘기다.

이를 당길 때는 다른 낚시처럼 휙 낚아채는 게 아니라, 달래듯 살살 끌어올려야 한다. 설 업었던 문어가 미끼를 포기하고 달아날 수 있기 때문이다.

다리가 여덟 개인 문어는 팔완목八腕目 연체동물. 그중 지가리를 감싸 안던 다리 하나가 날카로운 낚싯바늘에 꽂히기도 하고, 문어의 급소라는, 다리 사이에서 펼쳐지는 얇은 보가 꿰지기도 한다. 그중 어디가 구 씨의 지가리에 꿰어있었던지 살살 올리는 줄 끝에 큼직한 문어가 꿈틀대며 탈출을 시도하고 있었다.

연이어 두 마리가 잡히자, 구 씨는 떼마다 찾아다니며 그 잡힌 수심을 기준으로 지가리 원줄 길이를 조정한다. 문어가 잡힐 때마다 속으로 몇 발이나 되는지 셈하여 깊이를 측정한 것이리

상 3일째 사용중이라는 돼지 비계 지가리
중 요즘의 강원도 어부들이 즐겨쓰는 빤짝이 미끼
하 지가리를 지탱해주는 방석

대부분의 강원도 지가리들처럼 구씨도 문어잡이 어구를 직접 만들어 사용한다.

라. 문어가 잡힌 수심보다 줄이 길면 지가리가 바닥에 눕고, 짧으면 수중에서 떠있기 때문에 문어가 업을 확률이 떨어진다는 설명이다.

한편, 문어의 각 다리마다 안쪽에 두 줄로 늘어선 문어 빨판은 감각기관이기도 하여 물 속 세상을 탐색하는 도구로 잘 쓰인다 했다. 빨판 수는 모두해서 1,200여 개쯤. 이 많은 빨판은 제 각각 따로 움직이는데, 빨아들이는 힘이 대단해 조업 중 어찌하다가 문어 빨판이 달라붙었던 피부에는 순식간에 동그란 자국들이 남을 정도란다.

이런 문어의 여덟 개 다리 중 오른쪽에서 세 번째 다리가 교미기로 알려져 있다. 이를 따로 '제3의 다리'라고 일컫는데, 이를 암놈의 배 어디께 들이밀고 수정을 시킨다는 것이다.

해안 바위틈이나 바닥에 수만 개의 알을 낳은 암컷문어는 한 달 정도에 이르는 부화기간 동안 먹지도 않고 알 주위를 맴돌며 돌보다가 새끼들이 태어나면 그제야 서서

90년대초, 주문진항에 늘어선 문어지가리 어선들

히 죽어버리는데 비해, 수놈은 짝짓기가 끝나자마자 소화능력을 잃어버려 아예 굶어죽는다는 얘기다.

이런 문어는 무엇이건 가리지 않고 먹는 대단한 잡식성을 지녔다. 특히, 새우며 가재에 고둥과 소라 따위의 갑각류를 좋아한다. 게나 조개를 잡기 위해 몸을 최대한 부풀려 먹이를 감싼 문어는 제 다리의 중간께 있는 입으로 가져가 신경을 마비시키는 '자라민'이라는 독소를 주입한 뒤 먹어치운다. 반면, 제 몸을 지키는데 열심이어서 주변 환경에 맞추어 몸의 색깔을 순식간에 바꾸는 재주도 가졌다. 문어의 피부 세포는 적색과 흑색, 황색의 색소를 포함하고 있어 사소한 자극에도 이 색소를 적절히 뒤섞어 주변 환경과 엇비슷한 색으로 변한다는 것이다.

"바다 궂어지겠다 싶은 것은 문어가 먼저 알아채죠. 대낮인데도 움직임이 활발해

지거든요. 보다 안전한 곳을 찾아가는 겁니다. 그러다가 지가리를 보면 호기심을 어쩌지 못해 건드려보다가 일단 업고 보는 거죠." 시선은 떼를 향해 있으나 말은 내게 하는 중이다. 구씨의 설명이 이어진다. '남서해안과 달리 강원도 바다에서는 조류가 북쪽으로 흐르는 게 썰물이고, 그 썰물 때라야 문어가 그중 잘 업는다' 등등.

이런 중에 지가리에 걸려 올라오던 문어가 채낚기 바늘에 걸린 오징어처럼 먹물을 내뿜었다. 이 먹물은 자신을 보호하기 위한 최후의 방어수단이라는데, 그 성분은 아미노산 종류인 '지로신'으로 예로부터 한방에서는 치질치료에 이용해 왔다. 문어가 위기 상황과 맞닥뜨렸을 때 먹물을 뿜을 수 있는 한계는 고작해야 대여섯 번쯤, 이를 넘기면 목숨을 잃을 수도 있단다.

수면이 잔잔한 게 물 흐름이 전혀 없는 듯 보인다. 떼가 까딱하자 배를 몰아가 거둬 올려보지만, '헛방'의 연속. 뭍을 떠난 지 네 시간이 넘었는데, 구 씨가 잡아낸 문어는 다섯 마리다. 그래도 괜찮단다. 잡히는 양이 적은 요즘 문어 위판가가 좋기 때문이다. 11시 반, 킬로그램 당 최소 2만 5,000원은 넘으니 십만 원 벌이는 했다며 떼와 지가리를 거둬들이는 구 씨 너머로 귀항을 서두르는 지가리 어선들이 보인다.

문어덕장의 외계인?

예나 지금이나 아이들에게 문어를 그려보라고 하면, 민머리에 코를 길게 빼어내고 여러 개의 다리를 쫙 편 모양새로 표현하기 마련이다. 코를 길게 그리는 것은 아이들이 가장 관심 있어 하는 먹물을 내뿜는 기관이 문어의 코이려니 생각하기 때문인 듯하다. 그러나 실제의 문어는 그 표피도 민머리가 아닐뿐더러 먹물을 내뿜는 수관도 밖으로 드러나 있지 않음은 물론이다. 더불어 다른 문어류^{문어를 포함한 주꾸미, 낙지 등}나 꼴뚜기 종류처럼 아이들이 머리라고 여기고 있는 외투막이 몸통이다. 물이 가득 든 주머니처럼 보이는 이 외투막^{外套膜}은 어찌 보면, 사람의 머리처럼 보이는데, 이런 생김새로 하여 아이들

좌 거제어부 권정룡씨가 손질이 끝난 문어를 덕장에 널고있다.
우 덕장에 널린 문어. 어린이들의 눈에는 외계인으로 보인단다.

에게 외계인의 모델 노릇을 도맡아 해주는 것이다.

외투막 몸통 안에는 온갖 내장기관이 들어 있으며, 문어의 실제 머리는 눈 부근의 오른쪽, 몸통과 여덟 개의 다리 중간쯤에 눈과 입이 달려있는 곳이다. 문어의 두 눈은 사람의 동공과 비슷해 수시로 커졌다 작아지기를 되풀이한다는데, 수중에서 이 두 눈알을 만난다면 섬뜩하게 느껴질 듯하다.

좌 횟집 수족관 속에 오롯이 들어앉은 문어
우 노량진수산시장의 경매에 오른 대문어. 중매인도 그 크기에 놀랄 정도다.

"다리 끝이 온전하지 않은 놈도 더러 잡히고는 하는데, 다른 놈에게 뜯긴 것은 아닐 터이고 먹이사냥을 나가지 못할 사정이 있어 스스로 제 발을 뜯어먹은 게 아닌가 싶더군요."

거제 다포리에서 '문어박사'로 통하는 권정용 씨의 말인데 덕장에 걸린 문어 중 다리 수가 부족한 놈이 보여 궁금해 했더니 되돌아온 답이다.

거제 사람 권정룡 씨는 문어잡이 어부이자, 잡아온 문어를 덕장에 걸어 말리는 일을 오랜 동안 해오고 있는 문어박사다. '어물쩍' 바다로 되들어가려는 활문어 '몸통-사실은 두부頭部'-부분을 홀딱 뒤집어 까고, 먹통이며 내장 따위를 들어내는 게 그 이가 먼저 하는 일. 이때 모래주머니가 터지지 않도록 각별히 주의해야 한단다.

여덟 개의 다리는 윗부분에 칼집을 내어 반으로 쪼개면 건조가 쉽고 다리가 편편하게 보인다고. 그 몸통 부분에는 따로 손가락 굵기만 한 칡넝쿨을 말굽 모양으로 휘어 넣는데, 이는 건조과정에서 문어의 모양새를 잡기 위함이다. 큼직한 문어의 건조작업 때는 한 과정을 더 거쳐 '백문어'라는 이름으로 저자에 내는데, 다리 중간의 껍질을 벗겨내고 건조하면 희끄무레해지기에 백문어인 것이다.

"갯가에서 자연 건조를 하는 데는 보통 사흘쯤 소요가 됩니다. 물론 날씨가 좋을 때 이야기지요. 날씨가 궂을 때는 바로 건조기에 넣습니다. 활문어 때보다 3분의 1로 무게가 줄어들죠. 이

모양나게 건조하기 위해 몸통에 나무틀을 넣은 문어

렇게 해서 말린 것을 추려 열 마리 한 축으로 묶어 삼천포와 마산 건어물 위판장에 내지요." 말리는 데 특별한 기술이 있는 것은 아니지만, 적당히 꾸덕꾸덕하면서도 쿰쿰한 냄새가 나지 않도록 건조 상태를 조절하는 게 중요하다 했다.

건문어는 쫄깃하게 씹는 맛도 일품이려니와 전통 한방은 물론, 민방에서의 효용가치도 만만치 않은 전통 수산식품이다. 민방에서의 쓰임새를 보면, 두드러기가 났을 때나 동상에 걸렸을 때 그 삶은 물로 닦아내 치료하기도 했고, 손질 과정에서 떼어낸 먹통에 든 먹물은 따로 치질치료에 효능이 있는 것으로 민간에서 회자되어 왔다. 더불어 한방에서는 문어가 성인병 예방과 빈혈치료에 효과가 크고 시력회복에도 효능이 좋은 것으로 여겨오고 있다. 특히 그 살에 든 단백질과 지방 함량이 다른 어류보다 상대적으로 낮은 만큼 비만을 우려하는 이들이 특히 좋아라한다. 게다가 콜레스테롤이 많은 반

문어 숙회

면, 타우린 역시 많이 들어있어 콜레스테롤에 대한 염려는 하지 않아도 좋겠다.

　문어는 드물게 회로도 먹지만, 대부분 일단 삶은 뒤에 요리를 하거나 말려 먹는다. 어느 경우든지 고사리와 함께 먹으면 안 되는 것으로도 알려져 있는데 이는 두 음식 간에 궁합이 맞지 않아 소화가 잘 안되기 때문이란다.

　"건강식으로 식탁에 올릴 때 대표적인 음식으로는 '건곰'이 있습니다. 이는 문어와 명태·홍합을 넣고 끓이다가 조미료 삼아 파를 넣은 국으로 노인들이나 병후 환자들의 회복식으로 애용되었죠." 문어로 유명한 거제도에서도 문어박사로 통하는 권정용 씨의 말이니 제철에 맞춰 한 번쯤 끓여 먹어 볼 일이다.

　한편, 예로부터 우리네 관혼상제 전통 상차림 항목에는 '문어오림'이란 것도 들어있었다. 솜씨 좋은 이에게 별도로 청해 말린 문어를 꽃모양이나 봉황모양으로 오려 올렸거니와, 특히 신행 때 친정어머니가 챙겨 새 신부 손에 들려주는 이바지 음식 품목에도 문어오림이 끼어 있어야 격식 있는 차림으로 여기고는 했다. 먼저 눈으로 먹는 음식이 문어오림인데, 그 유래는 수라상에서 본 딴 것이란다.

마른 문어에 비해 일반 가정에서의 대표적인 요리방법은 잘 삶아내 초고추장에 찍어먹는 것. 이는 횟집의 밑반찬으로 자주 등장하는데, 문어를 삶을 때는 그저 끓는 물에 삶아내기만 하면 되는 게 아니다. 우선은 문어를 통째로 소금으로 닦아내야 하는데, 몸통 부분을 홀딱 뒤집어 까고 내장보 안의 모래주머니가 터지지 않도록 하면서 훑어낸다는 기분으로 닦아야 한다. 다음에는 물에 무즙을 넣고 끓이다가 살짝 데쳐내듯 삶아야 그 살이 연해진다는 게 속초 아낙네의 얘기다.

혼례 등 좋은 날에 올리는 문어 오징어 오림

겨울

05

홍어

흑산홍어, 그 높은 콧대를 꺾다
**주낙어선 한성호 어부들과
보낸 이틀**

2008년 늦가을, 흑산도 주낙 어부들의 홍어잡이가 제철을 맞았다.

전남 신안군 흑산도 어부들은 이 무렵이면 홍어축제까지 마련한다. 이른바 홍어특수를 고대하는 것이다.

일찍이 흑산도를 중심으로 한 남도 갯마을에서 귀한 대접을 받아온 홍어. 귀할수록 콧대가 높아지는 게 수산물인 데다가, 90년대 이후 홍어 어획량이 확연히 줄어들면서 가뜩이나 높은 콧대가 하늘 높은 줄 모르고 치솟았었다.

흑산 진리포구에 입항하면 누가 채갔는지도 모르게 사라지곤 했다던 '흑산명품 홍어'. 어부들의 주낙에 큼직한 홍어가 잇달아 걸려 올라오면서 흑산판장 바닥에 깔리기 시작한 것은 지난 2004년부터라 했다.

주낙에 걸린 홍어를 갈고리에 걸어 올리는 순간

어부들 사이에 바다 나간다는 말 대신 '콧대 꺾으러 간다'는 말이 유행했다던 그해 흑산도 주낙어부들은 57톤의 홍어 어획량을 올렸고, 2006년에는 그 두 배가 넘는 133톤을 기록하면서 언론매체마다 앞 다퉈 '흑산도 홍어풍어'란 머리말로 보도하게 했다.

'흑산도 탤런트' 이상수 선장

어획량이 늘면서 흑산도에서 홍어주낙에 나서는 어부들도 늘었고 그런 배에 승선하기 위해 찾아온 외지출신 어부들도 늘었다. 당연하다 돈 되는 홍어가 줄줄이 걸려 올라오는데 뉘라고 하지 않을까. 물론 아무나 홍어 배를 탈 수 있는 것은 아니다. 걸주낙을 당기는 일부터 걸러든 홍어가 주낙바늘을 뿌리치고 달아나기 전에 갈고리로 찍어 이물갑판 위로 거둬들이는 일은 숙달된 어부라야 가능한 일이기 때문이다. 어미 줄에 줄줄이 걸린 날카로운 주낙바늘을 요령껏 피하면서 홍어를 잽싸게 갈무리 할 정도는 되어야 '어디서 배 좀 탔네' 소리를 듣는다던가.

좌 양망을 위해 각자의 위치에서 조업을 시작한 승선어부들
우 이상수 선장이 어장기를 거두어들이는 어부들을 살펴보며 어선을 몰아가고 있다.

주낙에 걸려 올라오던 홍어는 어부의 날카로운 갈고리에 찍혀야 한다.

90년대 초반, 흑산 홍도를 사진으로 기록할 무렵에는 흑산면을 통틀어 홍도선적의 주낙어선 단 한 척이 전부였다. 하여 '마지막 홍어잡이 어부'를 주제로 삼아 촬영을 했었다. 그 마지막 홍어잡이 선장도 조업을 할까 말까 망설이는 중이었다.

그랬던 홍어 배가 10년이 지난 지금은 아홉 척이나 된단다. 신안군에서 출어자금 등 이런저런 지원을 한 덕분이라 했다. 30여척에 이르는 대 선단이 홍어잡이에 나섰다는 80년대 초에 비할 바는 아니라지만, 이만해도 어디냐는 분위기였다.

동승키로 한 자선장 이상수 씨의 홍어주낙 배 한성호는 9.77톤 에프 알 피FRP 어선으로 우리 연안 어선치고는 제법 큰 축에 든다. 이물과 고물 공간에 주낙바구니가 줄줄이 쌓여 있어도 오가는 중에 협소한 것을 느끼지 못했을 정도다.

'이 정도면 승선 사흘간 편하겠군'이라 생각했던 것은 내 착각이다.

흑산도에서 다섯 시간쯤 배를 타고 나가야 하는 먼 바다에 형성되는 게 홍어어장 아닌가. 먼저 승선어부들을 태우러 홍도까지 가는 뱃길은 뒷바람을 받으며 항해하니 그나마 양반이었다. 이후 홍도에서 출발, 어장까지 맞바람을 안고 가는 두 시간 여의 한성호는 일엽편주에 다름 아니었다.

'청룡열차'를 탄 느낌 그대로인데, 지금껏 배 멀미를 한 적은 없어 다행이나 붙잡고

1박 2일째 이어지는 작업에도 예리한 걸이솜씨를 보이는 승선어부들

뱃전에 설치된 주낙바구니 앉히는 자리

버틸만한 손잡이가 없다. 이 선장의 배려로 선실에 끼어 앉아있음에도 롤링 피칭을 견디느라 온몸에 잔뜩 힘이 들어간다.

"그나마 운이 좋은 거유. 내 어장은 가까운 편잉게. 그나저나 난 아예 매스컴 취재전용 어선으로 굳어져부렀네… 그짝 양반은 수덕이 있을라나? 몇 마리라도 걸려줘야 피차간에 인사치레라도 될 일인데…"

3대째 홍어잡이 내림어부라는 이 선장의 말인데, 대부분의 흑산도 홍어주낙 어선들은 예닐곱 시간 뱃길에 어장을 두고 있다는 설명을 덧붙인다.

성격이 까다롭지 않다는 인물평을 듣는데다가, 다른 주낙어선에 비하자면 어장이 가까운 축이어서 온갖 매스컴에서 홍어취재만 나왔다하면 그들을 태우고 다니게 되었다는 이 선장이다.

"우리 선장, 알고 보면 탤런트여. 흑산도 공식 탤런트." 동승 어부의 우스개인데, 이상수 선장이 흑산 어부 3대째 홍어잡이만 3대째라는 것부터가 언론의 주목을 받을 만하니, 이래저래 여러 방송에 자주 출연을 했다는 거다.

파도에 우쭐대던 한성호 안에 느닷없이 벨소리가 퍼진다. 이 선장이 내린 양승신호다. 선속이 줄어들자 우현 쪽 도르래 곁에 두 명, 끌어올린 홍어를 갈무리하고 주낙을 사리는 두 명의 어부가 제각각 조업 위치를 잡는다. 우현 쪽 어부가 끝에 갈고리가 달린 상앗대를 넣어 어장표시 뜸개를 걷어 올리면서 본격적인 조업이 시작된다.

닷새 전에 투망했다던 첫 주낙줄이 올라온다. 잠시 뒤, 우현 어부가 일순간 표정을 달리하며 '고기닷!' 하고 외친다. 얼른 초점을 맞췄다. 큼직한 홍어 한 마리. 헌데, 수컷이다. 만만한 거시기가 흔들거리는. 옛 어부들 말대로 연이어 짝으로 올라올까 싶어 촬영기회를 노리고 롤러 곁으로 바싹 다가선다. 허나, 이는 사실무근한 말이라 했다. 홍어부부를 동시에 낚아내는 경우는 거의 없다는 얘기다.

"암컷에 비할 바가 아니지라, 수컷 홍어는. 이만해도 아슴찮네… 근데 진짜 수컷 거시기를 잘라서 암컷으로 위장하기도 했으까이? 그리 불량한 놈이 세상에 또 있을랑가?" 늙수그레한 승선어부가 오히려 나에게 반문하는데, 설사 그런 불량스런 짓거리를 했었다 해도 이미 옛말이다. 암수불문, 무게를 판매기준으로 하니 수컷 거시기를 잘라 암컷인 척 위장시킬 필요가 없다는 얘기다.

미끼 없는 걸주낙이지만, 수심 80~100미터에서 묻어 올라온 바닷물에 어느 틈에 방수점퍼와 바지가 바다물투성이인 이물 어부 두 명의 팔뚝에 잔뜩 힘이 들어갔다. 팽팽

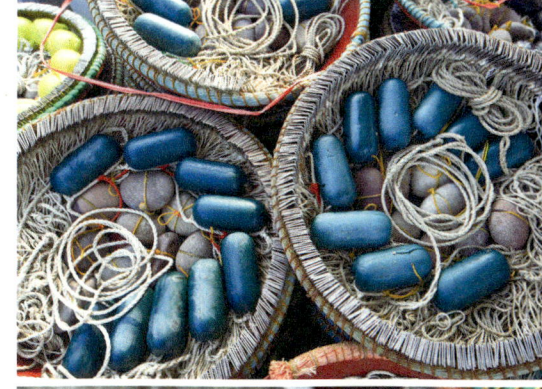

상 홍어를 낚아내는 주역 어구인 주낙
하 홍어의 천적 주낙바늘

하게 당겨지는 줄, 그러나 올라온 것은 폐어구인 낡은 통발이다. 뿐이랴, 저서성 어류를 위협하며 '유령어업'으로 불리는 폐그물도 심심찮게 걸려 올라온다. 날카로운 주낙에 얽힌 침체어구를 벗겨내는 일은 승선어부들에게 보통 성가신 게 아니다.

한성호 승선어부들이 홍어를 잡기위해 바다 속에 깔아두는 것은 일명 '공갈낚시'라 불리는 걸주낙이다. 미끼를 끼우지 않고 홍어를 잡아내니 공갈낚시인 것이다. 스스로가 바늘이자 미늘 역할까지 하는 묘한 어구. 디근자로 절도 있게 꺾여있는 이 주낙 바늘에는 미끼도 매달지 않고, 미늘마저 없어 이채롭다. 홍어가 바늘을 무는 게 아니라, 먹이를 찾아 바닥을 헤매다가 날개나 몸통 중 어디가 꿰어져 맥없이 걸려들게 고안되어 있음에 걸주낙이라고도 부른다.

올라온 홍어는 일단 이물갑판에서 주낙바늘을 분리한다.

한 바퀴^{고리} 당 400개가 넘는 주낙 바늘이 플라스틱 함지박 테두리에 빈틈없이 꽂혀 있다. 함지박 한 개당 육만 원이라는 이 주낙채비는 네 줄을 한바퀴^한 틀로 여긴다. 어부들이 말하는 한 줄의 길이는 2킬로미터 안팎. 줄마다 20-30센티미터 간격으로 아릿줄이 매있고, 그 끝에 줄줄이 달려있는 게 주낙바늘이다. 100미터마다 400개가 넘게 꽂혀있는 이 바늘에 걸려들면 고래나 상어도 탈출할 방법이 없다는 설명이다.

"30년 전만해도 대부분 이깝을 썼지라. 이깝? 미끼를 달았다는 얘기제. 고등어 토막이나 간재미도 달고. 지금 주낙은 낚싯줄을 바닥에 닿게 하는 게 아니라 살짝 띄우제. 걸주낙 바늘이 조류에 하늘거릴 정도로. 지나치던 홍어가 코도 걸리고 날개도 걸리고, 꼬리도 걸려부러. 바다 속 훑고 다니던 홍어가 어느 바늘에나 걸려 빠져나오려 용을 쓰다가 옆에 매단 다른 바늘까지 읽으니 꼼짝달싹 못하는 거시제."

좌 홍어잡이는 밤샘 조업이다. 일몰을 바탕으로 조업 중인 어선이 보인다.
우 조업 중에 어느새 새벽이 밝아온다.

　　폐그물 따위가 걸려있지 않으면 한 바퀴의 주낙 양승에 한 시간쯤 걸린다던가. 그리 촘촘히 달린 바늘에는 고등어도, 큼직한 갯장어와 상어도 걸려 올라오지만 모두 잡어 취급을 당한다고 덧붙이는 이 선장이다. 홍어 배에서 '고기'란 오로지 홍어만을 이른다던가.
　　"고기닷!" 그 외침이 뒤쪽에서 다시 들렸다. 두 틀 째의 양망. 이번에 이 선장이 먼저보고 외친 소리다. 바다 속을 들여다보니 홍어 한 마리가 배 쪽을 들어 내놓고 달려 있다. 끈 떨어진 가오리연처럼 뱅글뱅글 돌듯 하면서다. 크건 작건 주낙에 올린 홍어는 주로 허연색 배를 들어 내놓고 올라오니 이물 어부들은 이를 보고 끌어올릴 준비를 할 수 있는 것이다.
　　"뭐시여? 팔랭이네…." 이 선장의 실망감 섞인 듯한 말인데, 팔랭이란 치수 미만의 홍어를 일컫는다 했다. 홍어는 암컷 기준으로 1번치 8.2kg 2번치 7.2kg 3번치 6.2kg 등 무게로 구분해 판매가 된다는데, 그런 치수에 들지 못할 정도로 작은 홍어가 바로 '팔랭이'인 것이다.
　　이물 롤러에 두 명의 어부가 배치되는 까닭은 주낙에 걸린 홍어의 탈출을 방지하기

새벽바다에서도 홍어는 연이어 잡혀 올라온다.

위해서다. 뒤쪽의 어부는 장대 끝에 갈고리를 달아맨 '장長갈고리'여서 수면 위로 떠오르는 홍어 몸통을 찍어 올리는 식인데, 이때 홍어가 빠져나가지 못하도록 함과 동시에 워낙 무거운 놈들이니 앞쪽에 선 어부가 짧은 '손 갈고리'로 찍어 둘이서 함께 올리려는 것이다. 주낙 바늘이 홍어 몸통에 어설프게 걸려 있으면 거죽이 찢어지며 다 잡았다싶은 놈을 놓치는 경우가 종종 있기 때문이기도 하고 연달아 올라오면 각자 한 놈씩 끌어올리려는 것이다.

몇 마리째 잡혀 올라오는 순간의 홍어를 촬영했지만, 정약용 선생이 『자산어보』에서 말한 '음탐淫食하는 홍어'는 끝내 보지 못했다. '홍어 암컷은 먹이 탓에 죽고 수컷은 간음 때문에 죽음을 당하니 음淫을 탐내는 자의 본보기가 될 것이다'라는 내용. 잡아낸 홍어 암컷을 낚싯줄로 묶어서 다시 바다에 넣으면 수컷들이 달려와 교접을 하려다가 함께 잡힌다는 정 선생의 아리송한 의견이다. 수컷 홍어의 '만만한 그것'이 암컷의 몸으로부터 빠져나오기 힘들기에 그렇다는데, 그것에 가시가 돋아있어 그렇다 했다. 헌데, 어로장 등 한성호 승선 어부들은 이 역시 '말도 아닌 소리'라는 듯 숫제 대답조차 하지 않는다. 노어부는 '경험상 홍어만큼 철저한 '일부일처'를 보이는 어종이 드물다'며 입까지 삐죽하며 비웃으니 도대체 모를 일이다.

승선어부들은 식사도 기합 바짝 든 훈련병들 못지않게 '후다닥' 끝낸다. '내 고기 네 고기'가 따로 없다. 조타실의 이 선장이나 다섯 명의 승선어부나 뭐가 걸려 올라올 때마다 긴장된 표정이 이어진다. 월급을 받는 어부가 아니라 잡아내는 만큼 각자의 몫이 늘어난다. 당연히 휴식시간까지 아끼려는 몸짓이다.

"깔아놓은 열 두 틀 모두 걷고 들어갈건께… 모래부턴 바다날씨도 사나워진다 허고, 중국 저인망어선들 등쌀에 어구피해 보는 것 보다 훨 낫지."

이 선장과 승선어부의 대화다. 바다날씨는 그렇다 치고, 중국 저인망어선 운운의 속사정은 이렇다. 며칠 전, 한 마을 어부가 바다 속에 깔아놓은 주낙을 딱 양승시점에서 중국 저인망어선이 마구잡이 양망을 하면서 깡그리 훑어버렸다는 것이다. 어구 값만 수천만 원. 이게 끝이 아니다. 어부들의 계산은 당연히 다른 것이다. 그 주낙에 달려있을 홍어 등 어획물까지 염두에 두어야 하지 않겠는가. 그 손해액이란…

올린 주낙은 바로바로 사려야 상륙후 갈무리 하기 좋다.

뷰파인더만 들여다보고 있으니 어지러울 정도다. 선수 쪽 공간에 앉는 순간, 들리는 외침소리 '고기닷!'. 온밤을 지새우고 이튿날 오전까지 서른 몇 번은 반복하며 나를 긴장시킨 소리기도 한데, 조업 이튿날 오전 11시에야 바다 속 주낙을 모두 거둬들였다.

이어지는 작업은 새 주낙을 바다에 투승하는 일이다. 홍도 흑산도 먼 바다 밑에서 납작 엎드려있는 홍어를 노리고 날카로운 걸주낙을 풀려내기 시작하는 것이다. 달리는 배에서 함지박 속의 사려진 한통 2킬로미터의 걸주낙이 풀려 나가기 시작한다. 보통 30통을 투승하니 60킬로미터의 바다 속에 걸주낙이 깔리는 셈이다.

디근자 바늘과 함지박 테두리 공간에 가느다란 쇠파이프를 넣어 풀어내는 이 작업

깔깔한 입맛에는 잡어 듬뿍넣은 매콤한 찌개가 적격이다. 다음 양망작업 전에 끼니를 챙기는 이선장과 승선 어부들

도 숙달된 어부의 몫이다. 경험이 많지 않으면 빠른 속도로 풀려나가는 주낙에 몸을 다치기 십상이기 때문이다.

주낙 사리는 아낙네들이 자신들이 거둬들인 걷주낙을 작업하기 좋게 대충이라도 손질해놓는 어부도 있는가 하면, 잡아낸 홍어의 선도유지를 위해 얼음과 잘 뒤섞어 놓는 등 위판준비를 하는 이도 있다. 손을 쉬는 승선어부가 한 명도 없는 것이다.

귀항하면 아낙네들이 예리 포구에서 기다리고 있다고 했다. 한성호 어부들이 양승한 주낙을 받아가서 다시 투승할 수 있도록 갈무리하기 위해 함지박 실을 손수레를 끌고 모여든다는 것이다. 함지박 한 개에 주낙바늘을 사리는 삯은 이천 원. 주로 경험 많고 꼼꼼한 할머니들의 용돈벌이다.

밤참을 거른 어부들을 위해 늙수그레한 화장이 나름 손맛을 내어 마련한 '아점'. 여전히 고물간 바닥이 식탁이다. 그물에 걸려온 온갖 해물을 섞어 끓여낸 일명 '잡탕찌개'

와 대접 위로 수북하게 퍼준 밥. 그러나 밤을 지새운 승선어부들의 입맛은 깔깔하기만 했을 터. 너나없이 먹는 시늉뿐인 듯했다. 오후 한 시의 귀항, 조업을 나설 때처럼 다섯 명의 승선어부들을 홍도2구에 내려준 이 선장은 GPS를 조정해 한성호 뱃머리를 흑산도 예리항으로 맞췄다.

1코 2날개? '10번 집'의 찰진 홍어회

"저렇게 많이 잡히는데, 너무 비싼 것 같아요." "홍어잡이, 이거 썩 괜찮은 돈벌이 아닌가요?" 서울서 왔다는 관광객끼리 위판을 위해 바닥에 깔린 듯 늘어놓은 홍어를 보며

국내산 홍어의 주산지 흑산도의 홍어경매 모습

소리 죽여 하는 말이다. 귀항 이튿날 아침은 2회 째를 맞는 흑산도홍어축제 첫날. 홍어 잡이 만큼이나 치열한 위판 현장은 관광객을 위한 볼거리로 공개하고 있었다.

"배에서는 게우 홍어 구경만 시켜드렸는디, 오씨요 내일! 어창에 몇 마리 꿍쳐뒀응게! 아! 축제라고 뭍에서 찾아온 친구들 뭉텅뭉텅 썰어 먹여야 연말까지 신간이 편하제! 좋은 놈 있음 보내라 어째라 얼마나 전화들을 해 쌓는지…"

이리 말하는 이상수 선장의 손에는 승선어부들과 함께 잡아낸 어획물의 '수탁증'이 들려있었다. 홍어만 스물 두마리. 잡어를 포함한 총 위판액은 400만 원에서 몇 만원 빠지는 금액이었다. 다행히 기상이 좋아서 가능했던 6일만의 조업, 이 선장 포함 총 여섯 명인 한성호 승선어부들의 수익이다. "홍어 값, 과연 비싼가? 홍어잡이, 그거 정말 괜찮은 돈벌이인가?" 고개가 갸우뚱해진다.

이튿날, 세면을 하는 중에 연락이 왔다. "언능 오씨오!" 이선장의 재촉이다. 뭍에서 첫배를 타고 왔을 낯선 이들과 한 자리에 앉는다는 게 '거시기'했지만, 1코, 2날개 3몸통… 하는 홍어 맛 유혹을 이기지 못하고 결국 한성호 이물간에 앉았다. 그새 돼지수육과 묵은 김치까지 차려놓았으되, 내 눈길은 '1코'와 '2날개'보다 애를 찾고 있었다. 무딘 칼로 막 썰어낸 홍어회가 쟁반 그득한데 애는 보이지 않는다. 홍어가 100만원이면 애가 50만원이라 했으니 이미 둘러앉은 이들의 뱃속으로 들어간 모양이다.

어로장이 넌지시 썰어놓은 홍어 한 부위를 젓가락으로 일러준다. 틀림없이 '물코'일 것이다. 물렁뼈 거죽에 도톰한 살이 붙어있으니 씹을만하다. 초고추장 없이 씹어본다. 약간 새콤하면서도 뒷맛이 상쾌하다. 흑산도에서는 '수영 못하는 이들에게 이 물코를 먹이면 물개만큼 잘하게 된다'는 허세 섞인 속설도 있단다.

제철에 그것도 본고장에서 맛보는 음식만 한 게 있을까. 대도시 저잣거리, 주방장 혹은 주인들마다 고향을 내세운 맛집이 많지만, 본고장 음식과는 비교할 수 없을 터. 그것도 배 이물간 위에서 썰어먹는 회 맛에 견줄 수는 없을 터, 잡아낸 지 하루 만에 먹는 흑산홍어 '1코 2날개'의 살맛이라니.

오후엔 이 선장의 추천대로 연달아 두 집을 찾아 나섰다. 언제 또 오랴 싶어서 욕심을 내서 홍어로 유명하다는 두 집 홍어를 각각 맛보자고 작정했다.

대개 홍어하면 흔히 삭힌 맛과 특유의 향을 생각하겠지만, "절대 아니올씨다"라 주장하는 할머니가 손맛을 내는 홍어집이 먼저다. "그 성성한 참홍어를 왜 굳이 삭혀먹겠냐"는 얘기인데, 10번 집으로 통하는 홍어전문점 안주인 박춘자 할머니의 주장이었다.

물론 박 할머니도 홍탁삼합洪濁三合의 맛쯤은 익히 한다.

이를테면 잘 익은 김치를 바닥에 깔고, 그 위에 적당히 삭힌 참홍어를 고춧가루 섞은 소금에 살짝 찍어 올려놓은 뒤, 다시 그 위에 비곗살 실하게 달라붙은 돼지수육을 곰삭은 새우젓에 살짝 찍었다가 입안에서 몇 번 씹고 막걸리와 함께 넘기는 그 묘한 향과 음식궁합의 정점이라 할 흑산홍어 맛을 모르는 것도 아니요, 무시하는 것도 아니라 했다. 단지 갓 잡아내 아가미 뻐끔거릴 정도로 성성한 홍어가 삭혀먹을 정도로 흔한 것도 아니고 삭힐 때까지 기다려줄 단골들도 없기 때문이란다.

'참홍어. 마름모꼴의 체형, 뾰족한 주둥이와 긴 꼬리가 특징인데, 꼬리 양쪽으로 성기 두 개가 늘어선 게 수컷이고, 꼬리가시가 한 줄이다. 반면 암컷은 꼬리가시가 다섯 줄이어서 구별이 된다 했다. 암컷이 크고 맛도 뛰어나 위판가격에서도 차이가 많이 난다. 이맘께 남쪽으로 내려온 홍어 무리는 우리 서남쪽 바다 속에서 월동을 하고, 봄이 되면 수심 50미터 정도 되는 서해안으로 이동한다. 주로 펄 섞인 섬 주변 바다를 좋아한다.' 박 할머니가 능숙한 홍어 손질을 하면서도 수산학자들 저리가라 할 정도의 산지 식을 들려준다.

"바깥양반도 홍어 배를 부려요, 오래전부터. 잡아온 홍어는 판장에서 위판을 하는데, 더불어 10번 중매인이기도 하제. 넘 배 홍어도 좋다 싶으면 바로 찍어 온다는 얘기시. 그런 놈들을 냉장실에 잘 넣어두었다가 주문이 있으면 한 마리씩 썰어내지. 일부분만 썰어 알아낼 재간이 있간디? 물러, 그리해선. 온 마리를 손질해야 알제."

박 할머니, 냉장실에서 꺼낸 홍어 날개 살을 뭉텅뭉텅 잘라낸다. 껍질을 벗기고 칼질을 하는데, 홍어 살점이 칼 몸을 물고 늘어지듯 보인다. 잘 벼린 칼이라도 한 점 썰어 제쳐놓고 다시 한 점을 썰어내야 할 정도로 차지다. 금세 분홍빛 도는 홍어 살이 접시 위에 수북하게 덮인다. 박 할머니나 홍어배 부리는 바깥양반이나 흑산도 토박이. 덕분에 대대로 내려온 흑산 음식을 일찍부터 익혀왔다. 방안에 몇 줄에 걸쳐 줄줄이 걸린

남도음식축제 등 전국 요리솜씨대회에서 여러차례 수상한 경력의
흑산도홍어전문점 성우정 주인아주머니가 싱싱한 홍어회를 썰어보인다.

상장과 감사장이 박 할머니의 소문난 손맛을 대변해 준다. 지난 1999년 낙안읍성 남도 음식문화축제에서는 홍어회와 찜 등 흑산도 수산물요리로 최우수상을 받았다.

흑산 홍어요리를 촬영하고자 방송사란 방송사는 모두 다녀갔다. 그 영상을 액자에 담아 선물했기에 방에 걸어두었단다.

홍어 살점이 칼 몸을 물고 늘어지듯이 입안에서는 어금니를 물고 늘어진다. 혀 위에도 착 달라붙어 목으로 넘기자면 내공이 필요할 정도다. 찰진 홍어회, 흑산도 10번집에서 맛봐야 남들에게 '흑산 참홍어 먹어봤다'는 자랑을 할 수 있겠다.

연골어류인 만큼 뼈가 연해 잘 씹힌다. 참홍어 참으로 버릴 게 없다. 연골의 주성분은 콘드로이틴으로 되어있다. '이름부터 어려운 그 성분까지는 몰라도 여자들의 뼈마디가 아플 때 즐겨 먹으면 효과를 볼 수 있다는 것은 안다'는 박 할머니, 요즘도 즐겨 먹는다고.

'홍어앳국'은 맛보지 못했다. 내장과 애간는 있지만 봄보리 싹을 넣어야 제대로 된 앳국이나, 낼모레 겨울인 바에야. 톡 쏘면서도 시원 매콤한 홍어앳국은 해장국 중 으뜸이라던가, 어쨌거나 나는 흑산도를 다시 찾아야 이유로 홍어앳국을 기억에 남겨놓았다.

저녁에 찾아간 77번집은 안주인의 화려한 칼질이 돋보인다. 이 선장이 일러준 77번은 중매인 번호요, 옥호는 '흑산홍어일번지'. 음식점이 아니라, 흑산홍어를 손질해 섬 안팎에 판매하는 집이라 맛볼 수는 없다 했다.

살짝 아쉽지만, 손질하는 것 구경으로 만족하기로 했다. 큼직하

낙찰받은 큼직한 홍어를 힘겹게 들어보이며 자랑하는 흑산도 77번 중매인

다. '1번치'일게 분명한 크기의 홍어를 부엌 바닥에 내려놓더니 신문지로 암모니아 냄새 풍기는 거죽을 훑어낸 뒤 바로 내장부터 손질을 시작한다. 홍어 몸체에 함유된 요소가 암모니아와 트리메틸아민TMA으로 분해되면서 내는 자극적인 냄새라는 게 학자들의 설명이다. 이 두 물질은 삭힌 홍어 맛을 내는 주인공이기도 하다. 코끝을 톡 쏘고 입안 알싸하게 하는.

뭍 오가기가 쉽지 않던 예전에는 집집마다 항아리에 큼직한 홍어가 켜켜이 들어 있었다나. 암모니아와 트리메탈아민이 지푸라기와 얽혀 발효되면서 살과 뼈에 톡 쏘는 맛이 새들었고 살도 부드러워졌다. 당연한 얘기지만, 발효시킨 날이 오래일수록 그 향과 맛이 강해졌다.

흑산도에서 맛보는 싱싱한 맛의 찰진 홍어회

　뱃속에 알도 들어있는 암컷이다. 홍어탕 소재인 애도 큼직하나 위는 비어있다. 주낙에 걸려든 뒤 먹을 염도 없이 몇날 며칠 탈출만을 꾀하며 발버둥 치느라 그나마 위속에 들어있던 먹이들까지 완전히 소화시킨 까닭이다. 이는 수입산 홍어와의 차이점이기도 하다. 잡히자마자 선내 냉동실로 옮겨진 놈들이니 위를 갈라보면 소화 중인 먹이로 그득 차있다. 상태가 좋은 놈들이라도 역한 자칫하면 냄새를 피울 수밖에 없는 이유다.
　화려하달 수밖에 없는 안주인의 칼질 솜씨. 50만원 받으면 된다는데, 7광성호를 타고나간 남편이 홍도 바깥 거친 바다에서 잡아온 놈이라 했다.
　어류도감에 참홍어라고 올라있는 흑산홍어다. 한 시절, 살홍어라거나, 눈가오리 등으로 분류되기도 했었는데, 서해안에서 간재미라 불리는 어종 명칭도 본래는 홍어라는 게 흑산도홍어일번지 안주인의 주장이다. 간재미는 참홍어보다 주둥이가 더 뾰족하고 머리 앞부분이 거의 직각이며, 꼬리 등 쪽에 수컷은 세줄의 가시가 암컷은 다섯줄의 가시가 돌출되어 있어 구분이 된단다. 배는 흰색, 등은 갈색인데, 회백색 반점이 있어 참홍어와 거죽부터 다르다 등등 줄줄이 이어지는 홍어이야기다.

흑산홍어일번지 안주인이 능숙하게 손질 중인 이 홍어는 뭍으로 나간 남도출신 단골손님들이 주문한 것이라 했다. 남도 사람들의 기억 속에 남아있는 특별한 고향의 맛이니 이름 붙은 날이면 비싼 값 마다않고 '통마리'로 주문한다는 것이다.

"살만한 집에서 잔치라도 벌어지나 보제. 지금도 남도에선 홍어 빠진 잔치는 아무리 잘 차려놓았더라도 음식칭찬을 듣지 못항게요."

안주인의 흑산홍어 자화자찬인데, 다시 이어지는 화려한 칼질 끝에 1코 2꼬리 3날개 하는 식으로 스티로폼 박스에 차곡차곡 담기고 있는 홍어회다.

겨울

06

홍게

북방어장 자망 홍게 맛 대對
대화퇴 통발 홍게 맛

일해호의 북방어장 홍게잡이

2003년 10월 19일 새벽 3시 반, 거진 '어통소'에서 만난 일해호 자선장自船長 이정복 씨는 긴장감으로 인해 표정이 굳어있었다. 동해 북방어장에 깔아둔 홍게 자망 첫 그물을 보는 날이기 때문이다. 동해 북방어장은 어로한계선북위 38도 33분과 북방한계선38도 35분 사이의 바다 중에서도 연안 5마일~15마일2022년 현재는 35마일까지로 확대되었다의 조업 구역을 이른다.

거진선적 일해호 이정복 선장이 그물에 얽힌 홍게를 거두어들이고 있다.

인근 지역 대형 게통발 어선들이 바다 속 곳곳에 통발 어구를 깔아놓은 탓에 고성 어부들이 신경을 날카롭게 곤두세우며 오가던 해역이기도 하다. 일해호 어부들은 보름 전, 이런 동해북방어장 11마일 바다 밑에 홍게 자망을 깔아두었기에 긴장을 하고 있는

제철이면 큼직한 홍게로 만선을 이룬다.

것이다. 같은 바다에서 홍게잡이를 하는 고성군 어선들은 모두해서 23척이라는데, 어획량은 선장에 따라 십인십색 제 각각일 터였다.

    30분 뒤, 거진항을 벗어난 6.5톤 크기의 일해호는 선속을 최고로 올렸다. 한 시간 반쯤 지났을까 일해호는 여전히 어두운 어장에 도착했다. 자망어선에 타고 나간 어부들이 먼저 할 일은 그물 표시를 한 어장기를 찾는 것이다. 오른 손으로는 키를, 왼손으로는 어부들이 '서치'라 부르는 방수전등을 켜든 이 선장은 연신 전등불 빛이 맞닿는 바다에 눈길을 둔다.

    승선어부인 조연화, 김연식 씨 역시 마찬가지다. 파도에 출렁대는 일해호의 좌·우현에 달라붙어 있다. 마주쳐 오는 바람은 벌써부터 겨울바람인 듯 차다. 그 속에서 애써 동공을 확대시키며 때를 찾고 있는 것이다. GPS에 정확한 그물 위치를 입력해 두었지만, 동해 센 파도 탓에 방향이 틀어지는 등 약간의 위치 이동이 생겼을 거였다. 그러구러 다시 10여분이 지나서야 일해호 특유의 때를 발견했다.

'홍게야, 가오리야'
복불복 그물바리

거진 어부들이 '홍게바리'라 부르는 홍게 자망조업은 다른 자망과 조업 모양새부터 달랐다. 선장이라 하여 선장실에만 붙어 앉아 있는 게 아니다. 어로장까지 겸하고 있음에 뱃머리 롤러 곁에서 '조업선두'를 맡아 고군분투 하고 있었다.

그물 끝을 물고 있는 '신기(원줄)'만 900미터정도 된다던가. 원통지름 40센티미터 안팎인 롤러가 2,200번 넘게 돌아가야 겨우 끌어올릴 수 있는 길이라 했고, 그 작업 시간만 30여분 정도라던가. 이런 '신기'를 다 올리고 나서도 10여분이 지나자 뱃머리에 달라붙은 이 선장이 외친 말은 "홍게야!" 였다.

선내 롤러를 감는 우현어부 조연화 씨와 그 아래 뱃머리에 차곡차곡 그물을 쌓고 있던 김원식 씨의 주의를 일깨우기 위함인데, 잽싸게 홍게가 달라붙은 그물 곁으로 온 김 씨가 온통 그물로 얽힌 홍게를 대충 수습하고 나선다.

이때부터 일해호 세 명의 승선어부들의 몸짓은 바쁘기만 했다. 심심찮게 그물에 얽혀 올라오는 크고 작은 홍게들. 그렇게 잠시 뒤, 연신 홍게야를 외치던 이 선장이 이번에는 "가오리야!" 하고 소리를 질렀다.

이 선장이 도르래를 잠시 멈춰 세

상 그물에 얽힌 홍게탈망 작업도 보통일이 아니다.
하 일해호 홍게그물에는 가오리도 제법 잡힌다.

연이어 올라오는 가오리에 이정복 선장이 미소를 짓는다.

좌 입항 중에도 홍게 탈망작업에 매달리는 승선어부
우 가오리도 제법 많이 잡혔다.

운다. 그물이 출렁거릴 정도로 큼직한 가오리 한 마리가 그물에 돌돌 말려있기 때문이다. 김현식 씨가 주춤하며 뒤로 물러서자 우현어부 조현화 씨가 그물에 달라붙어 능숙한 손길로 가오리를 풀어낸다. 가오리 꼬리가시가 내뿜는 독기 탓에 숙달된 어부가 아니고서는 다루기가 만만찮기 때문이다. 꼬리 끝 가시에 찔리기라도 한다면 그날 조업을 포기하고 서둘러 귀항해야 할 정도로 통증이 심하다보니 치료가 시급한 것이다. 풀어낸 가오리는 홍어 3번치 쯤 되는 크기다. 한동안 홍게대신 가오리가 연이어 올라오는데 "먹을 게 참 많겠다"는 생각이 들 정도로 몸체가 두툼하고 날개 살도 실하게 붙은 겨울 가오리다.

김현식 씨와 아예 자리를 바꾼 조현화 씨는 이런 가오리가 올라오는 즉시 그물에서 풀어헤쳐 이물바닥에 늘어세우며 내게 주의를 준다. 홍어처럼 거죽 분비물 '곱'이 흘러나오기 때문인데, 자칫하면 미끄러지기 십상인 것이다.

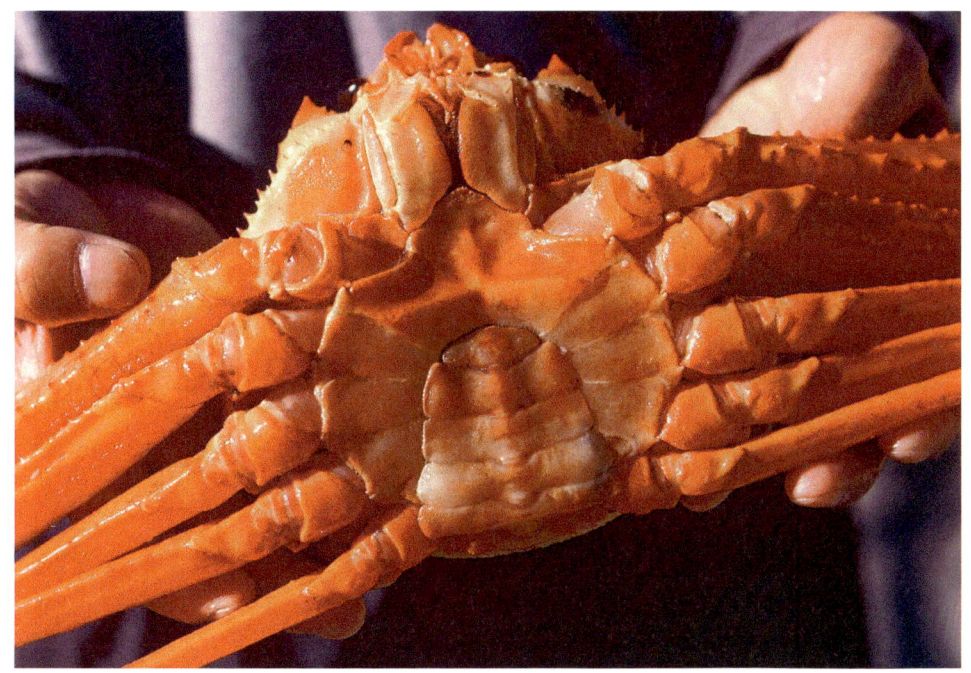

그물에서 벗겨낸 홍게 한 마리

　가오리는 생김새답게 분류학상 홍어목에 든다지만 과는 다르다. 색가오리과인 것이다. 홍어처럼 수컷 생식기도 두 개다. 값은 홍어가 몇 수 위지만, 맛까지 그런 것은 아니다. 사람에 따라서는 둘 중에 가오리찜을 택하는 경우도 적잖기 때문이다.

　일해호 어부들이 북방어장 깊은 바다에서 잡아낸 이 가오리는 저자에 풀리면 다양하게 요리된다. 생가오리는 회로도 먹고, 탕으로도 끓여낸다. 말려낸 가오리로 찜을 하면 구수한 냄새 덕에 너나없이 젓가락질을 하게 된다. 두툼하니 먹을 것도 많은데, 콜라겐 덩어리라는 연골 날개 뼈는 발라낼 것도 없다는 듯 뭉텅이로 입에 넣고 우적우적 씹어 넘긴다.

　"홍게야!" 이 선장이 다시 홍게가 차례가 되었음을 소리로 알려준다. 탈망한 홍게를 잡아 다리를 눌러보니 단단하다. 껍질 안에 속살이 실하게 들어찬 '겨울 홍게'이기 때문이다.

상 일해호 홍게 위판준비를 돕는 가족들
하 속초항에 홍게와 가오리를 부리는 일해호 어부들

　일해호 어부들이 동해북방어장에 깔아둔 홍게그물은 모두 여덟 지기. 한 지기는 그물 열일곱 닥이요, 한 닥의 길이는 120미터쯤 된다는 게 승선어부 중 가장 나이가 많은 조연화 씨의 설명이다.
　"폭이요? 보자, 그물코가 하나에 여덟 치에 그게 스물다섯 개가 곱해지니 요즘 식으로 말하자면 60센티미터가 조금 넘겠는데…" 조 씨의 답인데, 이런 그물이 900미터에서 1,200미터 안팎의 바다 속에 드리워져 바닷물의 흐름에 따라 '흐느적흐느적' 거리며 홍게가 갈 길을 방해하다가 다리 몇 개를 걸어 옭아매는 것이다.
　일단 그물에 얽혀든 홍게는 이불홑청 꿰매는 면실보다 얇은 그물의 씨줄날줄을 어쩌지 못하고 배 위로 끌어올려진다. 때로는 그물 줄을 물어뜯어 어부들의 보망 일손을 바쁘게도 하지만, 질긴 그물 탓에 탈출은 생각뿐인 일이겠다.
　그물에 얽힌 홍게는 결국 어부들이 양망하는 순간 끌어올려질 때의 수압을 견디지 못하고 대부분 죽어버린다. 게다가 투망한 지 오래된 그물에 걸린 놈이야 두말 할 필요가 없다. 그런 까닭에 현지 판장에서도 먼 바다에서 잡힌 놈 중 살아있는 홍게를 보기 어려운 것이다. 물론 북방어장과는 달리 연안에서 당일 조업을 하는 자망바리 어부들은 앞 바다에서 잡은 홍게 중 살려오는 놈이 많다. 관광객들이 수족관 속에서 살아 움직이는 놈을 봐야 맛있을 거라고 여기기 때문이다.

양양어부의 자망에 걸린 홍게

　조업이 끝난 시간은 오전 10시 경. 승선어부 조연화 씨와 김 씨가 그물 뒷마무리를 하는 동안 이 선장은 일해호를 몰아 다른 그물 위치 확인에 나섰다. 역시 본래 투망했던 바다에서 조금씩 이동이 되었다는데, 이 씨는 그 위치를 GPS와 선실에 걸어둔 족보에 일일이 기록을 해나가고 있었다. 매일 매일의 조업상황을 기록하는 수첩이 바로 대물릴 '조업족보'라던가. 그이는 오늘 조업한 그물을 뺀 나머지 일곱 지기 홍게 자망그물의 위치를 일일이 확인하고 기록까지 마친 뒤에야 일해호 뱃머리를 거진항으로 돌렸다.
　한편, 이날 일해호의 동해북방어장 첫 어획량은 홍게 세 컨테이너에 가오리 열다섯 마리다.
　"지난 해 첫 조업 때와 비교하면 반 정도도 안 되겠는데요. 거진어판장에서 아직 본

홍게를 늘어세우고 위판준비를 하는 강원도 어부들

격적인 홍게 위판에 들어가지 않았으니 값을 따져보기도 뭣하네요."

예상 판매액이 얼마정도 되겠냐는 내 질문에 나온 이 선장의 답인데, 제대로 말하자면 일당은커녕 하루 조업 경비 충당에도 미치지 못하는 어획량이란다.

"이 선장처럼 자선장의 경우, 어획량의 60퍼센트가 몫이지요. 배 몫으로 40퍼센트에 짓가림 한 사람 몫이 20퍼센트니까요. 나머지 40퍼센트는 우리 둘이서 반씩 나누는 거지요. 그전에 경비, 그러니까 기름 값과 '식구미'를 제하는데, 이 선장 말처럼 오늘은 헛방이지요 뭐. 헌데, 이거 아시오, 요즘 어선어업은 말 그대로 복불복이라는 거? 잡히는 어종도 그렇고, 양도 그렇죠. 어제 썩 신통치 않았으니 오늘은 하는 막연한 기대를 걸고 나갔다가 허탈한 기분으로 되돌아오는 배도 있고, 어제 좋았으니 오늘도하며 들떠서 나갔다가 재수 없다며 침 '퉤퉤' 뱉고 귀항하는 이들도 많다는 얘기지요."

승선어부 조연화 씨의 설명인데, 그이는 '배에는 붙잡는 사람을 귀신이 있어 내릴 수가 없다'는 말을 굳게 믿는 어부다. 어부경력 36년의 거진 토박이. '농사도 해보고, 양계장도 해봤지만, 복불복 뱃일이 땅의 소출에 기대고, 말 못하는 가축에 기대를 거는 것보다는 체질에 맞더라'는 자칭 영원한 어부였다.

일해호가 거진항에 입항한 시간은 오전 11시 반. 거진항에서 일해호 입항을 기다리고 있던 이 선장 부인은 어획물 양륙을 거둘 염도 없이 홍게 몇 마리를 집어 들더니 이내 자리를 비운다. 홍게와 가오리 양륙에 이어 보망 등 손질을 위해 갈무리한 그물을 내리기까지 고작 20여분쯤이다.

다시 일해호 앞으로 온 그녀의 정수리를 감싼 따리 위에는 '홍게찜' 손맛 나는 반찬 등 나까지 염두에 둔 4인용 간이 식탁이 올라있었다. 달다. 염치불구 집게다리를 집어 살을 발라 먹어보니, 그 맛이 대게 부럽지 않다. 알고 보면 키토산 함량만큼은 홍게가 대게보다 훨씬 높단다. 단백질과 필수 아미노산도 마찬가지라 하는데, 그런 영양가는 둘째로 치고 제철 홍게는 맛있었다.

회무침 되어 오른
홍게 다릿살

진짜 홍게 맛을 음식점에서 보자면 일단 강원도와 경북 등 동해안 갯마을을 딱 제철에 찾아갈 일이다. 그런 때에 맞춰 찾아간 속초시 장사동의 한 식당, 주인 한옥엽 씨가 게탕백반을 먹으라고 강요하듯 권한다. 손님 한 사람인데, 홍게생무침은 과하다는 것이다. 고집스레 재삼 요청하니 마지못해 부엌으로 들어간다.

기왕에 산 미움, 염치불구하고 부엌으로 쫓아 들어가자, 한 씨의 말문이 열렸다. '신랑낼모레 칠십이라면서도 이리 칭했다'이 게바리홍게잡이를 하기에 신선한 홍게를 재료로 받아 싼 값에 손님상에 올릴 수 있다고 귀띔한다. 홍게탕 맛도 배를 탄 그 '신랑' 덕분에 알게 되었고 홍게요리 전문식당까지 열게 되었다는 얘기로 이어진다. 한 씨의 '신랑'이 잡아와 수조에 쌓아놓았던 큼직한 홍게를 집어 들어 요리조리 '살벌한' 칼질을 하더니 먹기 좋

홍게생무침. 싱싱한 홍게살이 채소와 함께 고춧가루로 버무려져있다.

은 크기로 토막을 낸다. 수심 1,000미터이심에 사는 놈이니 진즉에 활어가 아닌 선어로 분류될 홍게지만, 껍질이며 색깔 등은 산 놈이나 진배없이 신선하다. 살이 삐져나올 듯 여문 겨울 홍게. 대게 부럽지 않다는 맛까지 지녔으니 본격적인 대게 철이 되기 전에 '게맛'에 빠진 '맛객'들이 부러 찾아 다닐만하다.

큼직하게 토막 낸 홍게 조각들과 양파 당근 파 등등 신선한 계절 채소를 바가지 안에 합치더니 고춧가루_{국산이라 강조한다}를 듬뿍 붓고 참깨도 넉넉하게, 참기름_{이 역시 국산이다}듬뿍 붓더니 양념이 고루 배어들도록 이리저리 버무려낸다.

이윽고 차려진 밥상은 호사롭다할 정도다. 된장으로 맛을 낸 홍게탕_{식단에서는 홍게장}이 뚝배기에서 보글보글 끓고, 멸치젓에 버무린 고추와 고들빼기김치며, 갓김치 등등 동해안에서는 맛보기 쉽지 않은 밑반찬 등 주인장의 손맛 짐작이 가능한 각종 해물반찬이 제각기 자리를 차지하고 있다. 게딱지까지 온전히 담겨있는 홍게탕과 밑반찬을 두루 맛보는 사이, 주인공인 '홍게생무침'은 최후에 등장한다. 몸에 붙은 살부터 맛본다. '매콤 고소'하더니 뒷맛이 달다. 대게 부럽지 않은 맛이라더니 소문대로다. 곳곳의 살도 여물다. 길쭉한 다리 속에 들어있는 살 빼먹는 재미까지 보태지니 혼자 먹기 아깝다. 양도 실하고, 값까지 착하니 더없이 좋다.

많이 잡아 장땡, 근해바리 통발 홍게

다리와 몸통에 들어있던 오롯한 홍게 속살만 간추려낸 '순 홍게살'도 이미 우리 식탁에

먼바다에서 대형통발로 홍게를 잡아온 근해통발 어선이 하역준비중이다.

좌 대형통발 홍게를 하역하는 승선어부
우 경매를 위해 홍게를 정리하는 어부

선보인지 오래다. 홍게에서 속살만을 추려내는 일은 이미 지난 80년대부터 경북 영덕과 울진군을 중심으로 이뤄졌으되, 발라진 속살 대부분은 냉동되어 일본과 스페인 등 외국으로 건너갔다. 홍게의 정식 명칭은 붉은대게. 학자들은 대게 속으로 분류하나 어촌사람들에게는 여전히 홍게라 불린다. 영어 이름은 Red snow crab 혹은 Red queen crab이다.

생김새를 보면, 붉은대게의 등껍질은 둥그스름하면서도 삼각형 모양새를 하고 있으며, 몸통 전체가 진홍색을 띤다. 그 사는 바다 속도 수심 50미터부터 600미터이심에 사는 대게와는 천양지차다. 얕게는 400미터에서 깊게는 3,000미터 바다 속을 삶터로 삼는데, 근해바리 홍게 통발 어부들이 주로 조업하는 수심은 800미터에서 1,000미터이심의 바다라 했다.

지난 2006년 2월 9일 속초 동명항에서 만난 원양 홍게바리 대보호 어부들 역시 수심 800미터 안팎의 독도 부근 바다에서 2박 3일간 홍게를 잡아냈다 했다. 속초에서 30마일, 대보호 선속으로 3시간쯤의 거리인 대화퇴 주변바다가 주 어장이다. 이 어장 밑바다 12킬로미터에 이르는 구간에 각 어선 당 40미터 간격으로 미끼를 넉넉히 넣어둔 통발을 내려놓고 홍게를 유혹하는 것이다. 대보호 역시 열 세틀의 통발을 깔아두었다는데, 그 어구 값만 3억 원, 많이 깔아둔 어선은 5억 원까지 투자한 경우도 있다는 게 문종운 선장의 설명이다.

홍게철, 경북 울진군 위판장에 올라오는 홍게 양이 엄청나다.

"수심 따라 홍게 맛이 다르죠. 독도 부근 바다에서 잡힌 게 특히 맛이 있는데, 등껍질 속으로 검푸른 내장이 비치는 게 특이합니다. 이런 놈으로 하역 즉시 가공을 해내니 그 살이 맛이 있을 수밖에요."

양륙되는 컨테이너에서 홍게 한 마리를 집어든 문 선장의 자랑이다. 얼음에 채워진 채 운반되었는데도 여전히 살아 열 개의 발을 이리저리 꿈틀대며 대단한 생명력을 보이는 '독도홍게'다.

1	2
3	4

1 얼음에 채워져 속초가공공장으로 옮겨온 홍게
2 숙련된 손길을 거쳐 가공되는 홍게
3·4 가공공장의 가공과정

대보호가 잡아 양륙한 800컨테이너의 싱싱한 홍게는 곧바로 항에서 10분 거리에 위치한 가공공장으로 옮겨져 가공에 들어갔다. 등껍질 탈각-수포막 분리-다리와 몸통 분리-정리-1차 자숙-냉장-살 바르기-선별-이물질 제거-급냉-포장 등 열 단계가 홍게통발 어부 다섯 명이 모여 설립했다는 동부수산 홍게 가공단계의 전부. 그러나 이는 겉보기일 뿐이라 했다.

바로 삶아낸 홍게 맛보다 맛있다는 평을 듣는다는 비결은 1차 자숙단계부터 시작되는 것이다. 수 십 차례의 자숙작업이 반복되면서 자숙통에 남는 것은 홍게 살 진액이라해도 좋을 진한 국물과 살 바르기 처리과정에서 나온 진국이다.

몸통과 다리로만 구분된 홍게가 이런 진국에서 삶아지니 그 맛이 오죽 진해질까. 이렇게 제 맛이 든 홍게 각 부위는 자동처리 과정으로 넘어가 살만 쏙쏙 발라져 냉장처

좌 | 속살을 빼내기 위해 손질된 홍게 다리
우 | 홍게 다릿살 모음. 그대로 먹거나 다양한 음식의 재료로 활용된다.

리가 되고, 혹시 남아있을 껍질 등이 제거된 뒤 맛을 고스란히 간직한 채 급랭에 들어가는 것이다.

이제 웬만큼 알려져 있다시피 홍게는 버리는 게 없다. 홍게 생식소는 게장을 만드는 주원료가 되고, 홍게 껍질 주성분은 키틴Chitin. 키토산의 원료가 되니, 누가 가져가는지도 모르는 사이에 수거차에 실려 간다.

이런 키틴에서 만들어진 키토산은 석유와 석탄 등 연료물질로 하여 발생된 부작용을 해결할 수 있는 무한한 가능성을 가진 물질이라던가. 항암제 등 온갖 약품과 화장품에 식품 첨가제로 이용되는 게 이 키토산이기도 하다.

온 과정을 거치며 남은 홍게 국물도 보물이다. 거개가 일본으로 수출이 되는데, 그곳에서 '게간장'이 되기도 하고, 국물 맛내는 소스 혹은 맛살·어묵 등 수산가공식품을 만드는 데 중요한 첨가제로 쓰인다는 설명이다.

이렇게 발라내고 맛을 들인 홍게 속살은 그 자체로도 맛이 있지만, 손맛을 내기에 따라 다양한 맛으로 변신한다. 우선은 진한 국물 속에서 충분히 자숙이 되었으니 간이 제대로 배 들어있어 다른 조미료가 필요 없다는 것도 요리시의 큰 장점. 속초 토박이

모 씨가 평소 식탁에 올린다는 몇 가지 요리를 선보였는데, 그 어느 요리에도 별 다른 조미료를 넣지 않고도 제 맛을 내고 있었음이다.

"하다못해 김치찌개 끓일 때도 넣습니다. 시원한 국물 맛이 그만이죠. 다 익은 상태니 어떤 요리를 해도 부재료의 선택에 따라 다양한 맛을 낼 수 있지요. 그중 우리가 흔히 먹는 동그랑땡을 육고기 대신 홍게살을 넣어 만들면 맛도 좋고, 다이어트에도 그만인 요리가 되지요. 손쉽게 만들기로는 야채샐러드에서 미역무침에도 넣습니다. 시금치 무칠 때도 넣어 먹는데 이때도 소금이나 맛내기 조미료 하나 넣지 않습니다. 그대로도 충분히 제 맛이 나니까요." 요리 전문가인 부천대 김은진 교수가 덧붙인 가짓수는 좀 더 다양하다. '특유의 단맛과 시원한 맛도 그렇지만, 가공한 뒤의 홍게 살이 잘게 부서져 변형이 가능하다는 게 더 큰 장점'이라는 얘기다.

후포 홍게 맛

10월 중순부터 시작되는 남녘 산과 들의 울긋불긋한 단풍. 11월초면 뭍의 단풍은 끝을 보이기 시작하지만, 경북 바다에는 그때부터 진짜배기 단풍 맛이 들기 시작하니 홍게 맛'이다.

이 무렵이면 울진 죽변항 후포항과 영덕 축산항 강구항 좌판이며, 골목길까지 게 찌는 냄새가 넘쳐나기 일쑤다. 토박이들은 냄새만 맡고도 지금 찜통에서 쪄내는 게 홍게인지 청게인지를 척척 맞출 정도다.

반면, 먹을거리 찾아 온 외지 여행객들은 눈으로 보고도 헛갈리기 일쑤다. 그이들 중 설 아는 이들은 배를 척척 뒤집어보고 온통 붉은색 천지면 홍게라며 아는 척을 하기도 한다. 보다 못한 전문점 아낙네가 짐짓 '청게'와 '연분홍대게'며 '너도대게' 등 줄줄이 게 이름을 늘어놓으면 그제야 모르쇠 노릇을 한다던가.

"연분홍대게가 청게이고 청게가 너도대게랍니다. 대게와 홍게 생김새도 반반, 값도 반반쯤 되는데, 몸통이 시작되는 다리 끝마디를 보세요. 분홍색같지요? 그래서 청게죠. 이게 밖으로 가면 대게 노릇도 한다죠? 우리 아니면 구별하기 어려울 정도로 맛도 엇비슷하니 그럴 만도 하지요."

후포 아낙네의 설명인데, 여행객들은 여전히 아리송한 표정이다. 그도 그럴 것이 어찌 보면 보라색 같기도 하고, 때에 따라 분홍색으로도 비치기 때문이다. 하여 또 다른 이름이 연분홍대게라던가.

적잖은 이들이 홍게라면 고개부터 외로 꼰다. 홍게 중에서도 '물게빠진 살 대신 물이 들어찬 홍게나 대게'를 트럭 화물칸 그득 싣고 다니며 대게라 뻥

만취한 이튿날 홍게잡이 어부들이 속풀이를 위해 찾는다는 홍게탕

튀기하며 팔아대는 도시 뒷골목의 그릇된 이동 상인들이 워낙 많다보니 그 맛을 봤던 이들이라면 당연한 얘기겠다.

갯가 걸음 잦지 않은 도시인들이야, 시장기가 도는 퇴근길 김은 모락모락, 색깔까지 불그죽죽 입맛을 당기는 '물게'를 보면 얼씨구나 사 들고 가기 마련인데, 맛을 볼만한 살이 있어야 할 게 아닌가. 거죽 안쪽에 있으나 마나 하던지 물만 나오니, 아내에게 쓸데없이 쓰레기만 만들어 냈다'며 핀잔이나 들었을 터. 홍게를 보면 여지없이 고개부터 외로 돌리는 게 당연할는지도 모른다.

반면, 홍게 맛을 아는 이들은 늦가을 입질을 막 시작한 비싼 값의 대게 대신 푸짐한

홍게나 청게를 택한다. 이 역시 본격적인 북풍에 맛이 드는 갑각류이기 때문이다.

근해바리 홍게는 보통 수심 700~800미터에서 깊게는 3,000미터의 심해에 서식하고 있는 놈이 어획대상이요, 특별히 고안한 대형 통발이 대표적인 어구다. 그 깊은 바다 속에서 올라온 놈이 살아있을 리 없다. 그러나 홍게에 따라 수심 200미터 안팎의 바다 속을 제집인양 삼은 개체도 있게 마련이고, 이를 잡아내는 게 자망이니 당연히 살아 올라와 산 채로 전문점에 풀리는 놈도 있는 것이다.

잡는 어부 잘 만나 산 채로 수족관에 들어간 홍게라도 손님 손가락질 한 번이면 곧바로 미적지근한 민물 맛을 봐야한다. 맛만 보는 게 아니라 실은 민물에서 익사를 당한다. 다른 갯것과 달리 홍게나 청게는 살린 채 물에 넣어 끓이거나 삶으면 내장이 쏟아져 나와 제 맛을 잃거나 다리가 쉽게 떨어져 나가기 때문이란다.

숨이 죽으면 곧 뒤집어 놓는다. 이 역시 귀한 맛인 내장을 제대로 보존하면서 조리하기 위해서다. 옛 방식을 응용해 만든 찜통에서 꺼내 든 홍게는 실제 맛보다 눈요기로 그만. 특히, 뱃바닥이 대게와 달리 온통 붉은 색이 도니 더욱 그러하다.

한편, 손맛 익은 강구 아낙네들은 찜통에 불을 켜둔 채 꺼내지 않는다. 뜸 들이지 않으면 오래지 않아 거죽을 통해 비치는 내장 등의 색이 짙게 변해 보기에도 좋지 않을뿐더러 자칫하면 특유의 비린내가 날 수도 있음이다. 하여 불을 끈 채 나머지 온기만으로 몇 분간 뜸을 들이 듯 한 뒤라야 손님상에 올린다는 얘기다.

어쨌거나 이렇게 뜸이 든 놈 중 한 마리만 큼직한 접시에 올려놓아도 말 그대로인 잔칫상. 살 바르기에 온갖 도구까지 갖추어 주는데, 바닷가재 전문점에서 흔히 보는 것들이다. 그래도 어찌 할 줄 몰라 가위를 들었다 놓았다하면 아낙네가 손님상 앞으로 냉큼 건너와 순식간에 해체를 해준다. 남은 일은 먹기만 하면 되는 것이다.

대게에 비해 맛도 떨어지지 않고, 껍질에 들어찬 속살이나 내장도 실한데 아쉬운 것은 대게 다리에서 속살을 쏙쏙 빼먹는 재미가 없다는 정도. 다리 살이 통째로 빠져 나오는 대게와는 달리 홍게의 그것은 중간에 결이 있어 툭툭 잘라지기 때문이다.

'게눈 깜짝 할 사이'에 다리 살을 발라먹은 뒤 몸통을 두고 어쩔까 싶어 주방을 보고 있으면, 강구 아낙네가 또 한 번의 손맛을 보태준다. 등껍질 안쪽에 붙은 살과 내장을 알뜰살뜰 발라내고, 푸짐한 내장을 샅샅이 덜어내 여기에 참기름과 실파며 당근을 넣고 약한 불에 볶아낸 장비빔밥이다. 껍질에 담아 내오는 이 장비빔밥 차례가 되면 몇 사람이 한 자리에 앉아있든 '허'하는 감탄사뿐이고, 게 껍질에 닿는 수저 소리뿐이다.

찾아간 때가 '술시時'면 홍게매운탕을 청한다. 고추장도 모자란 듯 고춧가루를 듬뿍 넣고, 집된장으로 간을 맞춘 뒤 여기에 온갖 싱싱한 계절 야채를 넣어 끓여내는 홍게매운탕 역시 대게 부럽지 않은 맛. 특히 소주 안주로 그만인데, 시원한 맛을 더해 비위가 가라앉아 좋다는 게 포구 주변에 흔한 술꾼들의 추천이다.

겨울

07

아귀

바다 속 못난이, 아귀
음험한 어구漁具에 걸리다

생긴 것을 두고 이런 말을 하자니 미안한 감이 없진 않지만, 우리 바다 어류 중에는 어부들이 선정한 대표적인 세 못난이가 있다. 동서남해안 어부들이 공히 첫손에 꼽는 놈은 당연히 아귀다. 그 뒤를 잇는 게 곰치^{물메기}요, 삼세기와 도치 중 삼 사위 자리를 놓고 어부들이 대신 입씨름을 해준다.

이중 아귀와 삼세기는 몸 거죽에 너덜너덜 달린 돌기 탓에 못난이 선정에 가산점을 받은듯하다. 게다가 비늘대신 너덜너덜한 피질 돌기 거죽도 모자란 듯 '입이 몸통의 반'이랄 정도로 크니 점입가경이랄까. 도대체 신체적 비율까지 맞지 않으니 이견 따위는 없이 1등인 것이다. 곰치와 도치는 가뜩이나 못생긴 데다가 흐물흐물하니 못나다는 소리를 듣는 것일 게고.

도치는 그렇다 치고 아귀와 곰치는 그 못난 외모 탓에 어부들로부터 괄시도 특히 많이 받았다고 전해진다.

우선은 이름부터 그렇다. 지옥에서 굶주림의 벌을 받는 식탐의 대명사 아귀^{餓鬼}와 혼동을 일으키는 사람이 많으나 이는 틀린 말이다. 한자로는 아귀 안^鮟 아귀 강^鱇자 등 모두 아귀관련 한자를 써서 안강어^{鮟鱇魚}란 버젓한 이름도 붙어있고, 아구어^{餓口魚}라고도 불렸다니 아귀입장에서 보면 불행 중 다행이랄까.

우현 이물에서 기다리던 승선어부가 주낙에 걸린 아귀를 낚아채는 순간

그물아귀
낚시아귀

도시사람치고는 어촌여행 경험이 많다할 입장에서 믿어지지 않는 얘기가 있다. 한 시절 아귀가 어부들에게 '생김새부터가 재수 없는 고기'라 여겨져서 잡히는 대로 다시 바다로 던져졌다는 설도 그렇다. 이때 텀벙하는 소리를 낸다하여 곰치와 싸잡아 '물텀벙이'라 불린 적도 있었다는 거다.

믿거나 말거나 스토리인데, 믿어지지 않는 이유는 또 있다. 안강망鮟鱇網 곧 '아구그물'은 진작부터 있었으니 알쏭달쏭하다는 것이다. 물론 안강망 그물 입구를 펼쳤을 때 입 벌린 아구와 모양새와 비슷하다 하여 얻은 이름일 수도 있다.

긴 사각형 주머니 모양의 통그물을 조류가 빠른 곳에 큰 닻으로 고정, 들물 날물 조류에 밀려드는 어류를 입구를 쫙 벌린 채 잡아들이는 게 안강망 그물 아닌가. 예나 지금이나 이 그물에 아귀가 많이 걸려드니 바다로 던져버린다는 것은 이치에 맞지 않는다는 생각에서다. 하여 '물텀벙이 운운하는 얘긴 말하기 좋아하는 이들이 지어낸 얘기거나 주낙어부들의 경우에 한정된 게 아닐까' 하는 거다.

아귀가 가장 많이 잡히기로는 기선저인망과 함께 안강망 어업이나, 이 말고도 다양한 그물 다양한 낚시 어법에도 심심찮게 아귀가 걸려 올라오곤 한다. 내가 동승해 나갔던 흑산도 홍어잡이 어선 한성호 어부들의

주낙에 걸린 채 그 큰입을 한껏 벌려 보는 아귀. 괴기스럽기까지한 그 모습 탓에 우리 바다 1등 못난이로 꼽힌다.

주낙에도 숱하게 얽혀 있다가 잡혀 올라 왔다. 물텀벙이 신세까지는 아니었지만, 계절 특성상 홍어를 주 어획대상으로 하는 배이기에 홍어보다는 한결 아래로 취급당하고 있었다.

"값이야 홍어 다음으로 좋죠. 단지 요즘 우리가 주로 잡아야 하는 게 홍어니 그 말고는 모두가 잡어로 보이는 겁니다. 그래봤자 여기서는 5킬로그램 이상 크기의 상품 아귀일지라도 3만 원 정도니 제 대접 받는 것은 아니겠고… 걸주낙으로 잡으니 신선도가 좋은 최상품인데도 그래요."

주낙에 걸린 아귀가 떨어질 듯 하자 갈고리로 재빨리 낚아채는 이물 어부

내 궁금증을 풀어준 이는 한성호 어로장이다.

"멸치잡이 어부들에게 멸치 말고는 아무리 크고 비싼 어류라 해도 잡어 취급을 당하는 것과 마찬가지"라 했고, "크기와 무게까지 만만찮은 데다가 이를 갈무리해 끝까지 실어 보내는 등의 뒤처리가 성가셔서 중매인들도 그리 달가워하지 않는다"고도 덧붙인다.

홍도 먼 바다에서 조업하는 홍어잡이 어선 위로 올라오는 아귀는 당연히 걸주낙 곧 미끼조차 없는 '공갈낚시'에 걸려들었으니 이 역시 묘한 일이다. 아귀가 『자산어보』에 기록되기로는 '조사어釣絲魚'요, 영명 역시 낚시꾼 물고기라는 뜻을 지닌 'Angler Fish' 아

좌 주낙에 걸린 아귀를 갈무리 하는 이물 어부
우 대짜 아귀가 걸리자 주낙 원줄이 크게 출렁거린다.

니던가.

대가리 주변 너덜너덜한 돌기 중 등지느러미가 변해 이마 높게 솟은 촉수 어부들이 좋게 말해 낚싯대라 불러주는를 미끼로 삼아 흔들어대며 다른 물고기를 유혹하는 '음흉 덩어리'가 바로 아귀다. 몸집이 넓고 납작한 데다가 거죽에 연회색 반점까지 있으니 다른 물고기들의 눈에는 수중에 흔한 돌인 듯 보이는 것이다.

생김새답게 게으름의 극치를 보이기도 한다. 음침한 모양새로 바다 밑바닥에 배를 깔고 있다가 위장술에 속고 안테나 미끼에 홀려 든 물고기들을 두꺼비 파리 잡아먹듯 한다는 얘기다.

걸주낙 낚싯바늘까지 먹이로 보였을까. 걸주낙이나 저인망 등 어구에 걸려들 때는 촉수조차 무용지물인 모양이었다. 물론 큰 몸집만큼이나 수중 행동이 재빠르지 않기 때문이기도 할 터이고. 이래저래 묘한 생김새의 아귀가 음험한 낚시에 걸려드는 것이

좌 만선기가 무색하지 않을 만큼 많은 어획량의 아귀가 어판장에 깔려있다.
우 흑산도 어판장 그득하게 깔린 아귀. 드물게 많이 잡힌 날이다.

랄까. 상어조차 걸리면 꼼짝 못하고 잡혀 올라와야 한다는 그 겁나는 바늘에 몸 곳곳이 꿰었으니 탈출할 방도가 있겠는가.

한편, 주낙을 사리는 아낙네며 할머니들에게도 아귀는 썩 달가운 생선이 아니라 했다. 그 단단한 낚싯바늘이 휘거나 부러지게 만드는 원흉 중 하나가 바로 아귀이기 때문이다. 날카로운 이빨에 휘어지고 탈출하려 몸부림치다가 낚싯바늘을 예사로 부러뜨리니 일거리가 늘어나는 탓이란다.

불가에서는 음식을 탐하는 사람을 일러 '걸신乞神 들렸다"고 표현 하는데, 이 걸신이 바로 아귀귀신 아닌가. 큼직한 입으로 음식을 탐하되 목구멍이 바늘귀처럼 작아 막상 배 안에 들어가는 양은 적기 때문에 항상 굶주림에 허덕여 몸이 앙상하게 말라 있다던가.

한성호 주낙에 걸려든 아귀는 뱃속이 비어있는 놈이 드물다 할 정도로 대부분 포식을 하고 있다. 그 큼직한 입을 통해 뱃속이 훤히 들여다보이니 무얼 먹었는지 알 수도 있다. 귀한 참조기도 소화되다 만 상태로 들어있고, 어린 홍어까지 들어있음에 한성호

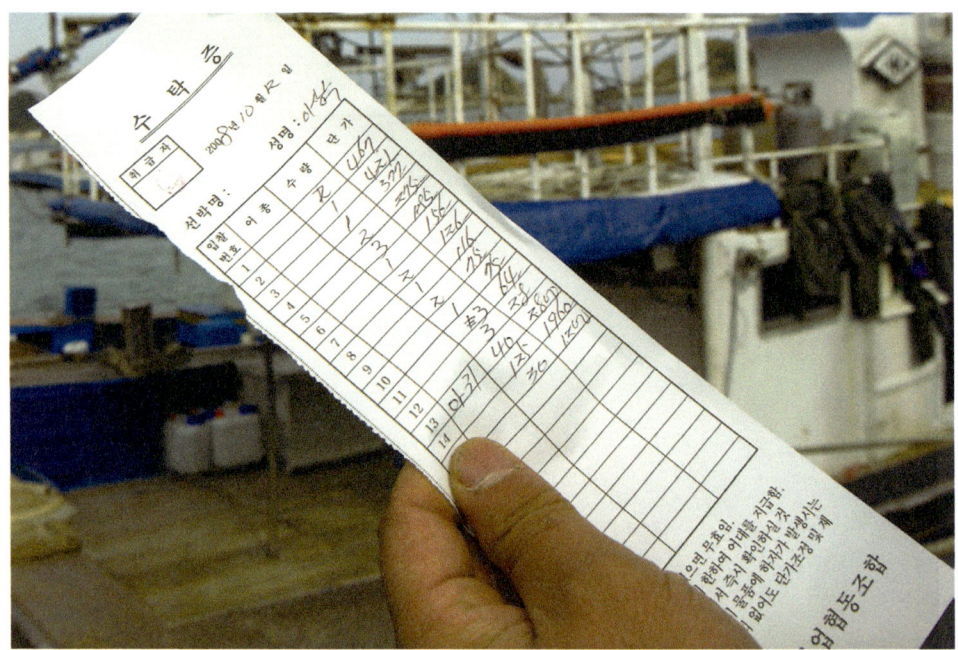
이상수 선장이 받아 쥔 수탁증. 아귀와 홍어 위판량이 기록되어 있다.

어부들의 눈총을 받았다. '아귀 먹고, 가자미도 먹는다'는 속담이 나오게 된 이유기도 하다.

한성호 어부들이 걸주낙으로 '우연찮게' 잡아낸 못생긴 생선 아귀는 뭍으로 옮겨져 지루한 위판까지 끝내고 나서야 대접이 확 달라진다 했다. 아귀의 위판차례는 홍어 다음이기에 지루하다는 얘기다.

방수포 위에 줄줄이, 그러나 겹치지 않도록 늘어세운 홍어가 어선 입항 순서에 맞춰 위판이 끝나면 그제야 아귀순서다. 방수포도 없이 포구 한쪽에 뭉뚱그려 놓고 '00호 아귀'라 휘갈겨 쓴 쪽지가 호적의 전부다. 찬밥신세의 위판을 마치면 뭍에 갈 놈 빼고는 일단 예리항 주변에 쫘악 퍼진다.

감칠 맛, 씹는 맛 그만인 안주이자 밥반찬으로 변신하여 관광객들의 입맛을 노리기 위함이다. 특히 맛을 아는 일부 마니아 덕에 겨울대접은 다른 어종 부럽지 않을 터. 게

남해안 어부들의 한겨울 호망그물에 든 아귀들

다가 '바다의 푸아그라'라 불리는 아귀 간에 기름이 차고 커지는 시기가 11월부터 1월까지의 한겨울이라는 것을 이미 알고 있는 미식가들이 슬그머니 다가선다.

값비싼 홍어대신 쫄깃한 아귀 살맛과 푸아그라 저리가라 할 정도로 부드럽다는 아귀 간을 찾아 이 먼 섬까지 찾아온 '맛객'들이다. 이들은 간 없는 아귀가 저자에 풀리고 있다며 불안한 눈길로 밥집 아낙네들의 아귀 해체과정을 눈여겨보기도 한다. '바다의 푸아그라'라 불리며 인기가 높은 아귀의 간이 '안키모 あんきも'로 불리는 일본요리의 주재료가 되기 위해 별도로 추출되어 일본으로 빠져나가고 있다며 걱정까지 한다.

아귀 맛도 고향까마귀?

막상 순수 아귀 간 맛을 본 곳은 흑산도가 아니라 동녘바다 포항에서다.

양포, 모포 등 포항 어부들은 겨울 별미로 너나없이 아귀수육을 손꼽는다. 시뻘건 양념도 없고 아귀의 몇 배나 되는 콩나물과 미나리 따위도 들어있지 않은 순수한 아귀살과 간만 들어있는 '100퍼센트 아귀수육'이다. 밖엣 사람들은 고개를 갸우뚱하지만, 단골손님들은 살이건 뼈건 내장이건 젓가락에 잡히는 대로 들고 그야말로 게걸스럽다 할 정도로 식탐 중이다.

맛에도 '고향 까마귀' 운운 하는 선입견이 통하는지 다른 지역 아귀요리는 폄하하고 포항 아귀수육 맛만을 치켜세우는 단골손님도 있다.

"원래 이렇게 먹었어요, 우린. 고춧가루 잔뜩 뒤집어쓴 아귀가 무슨 맛이게요? 그저 양념 맛이지. 게다가 살점도 별로 없고 온통 콩나물과 미나리 천지니 그게 양념채소범벅이지 원…"

정치망 어선 어부라는 단골손님의 말인데, 한편으로는 그럼직하게 들리기도 한다.

양포 삼거리회식당 주방에서는 40년 동안 주재료이자 하나 뿐인 재료인 아귀를 그날그날 구룡포 위판장에서 받아온 생아귀만 사용해 왔다 했다. 심지어 수조엔 통발에

좌 양포삼거리회식당 아귀수육 속에 곁들여진 아귀간
우 2박 3일간의 풍어제 촬영으로 입맛을 잃은 동료이자 친구인 이균옥(우) 김신효(좌) 박사가 흐뭇한 미소로 반기는 아귀수육

들었던 아귀가 산채로 들어앉아 그 큰 입을 껌벅대며 살아있는 정도니 믿음직하다.

넓적한 접시 그득 담긴 아귀수육이 먼저 상에 올랐다. 무시무시한 이빨만 빼고는 모두 들어있다. 흰 속살과 거무튀튀한 거죽, 굵직한 뼈, 지느러미살이 입맛을 당긴다. 거죽이 붙어있는 살점을 집어 든다. 쫄깃하고 보들보들한 맛이 입안 그득 해진다. 아귀수육 맛의 절정이라는 간은 참기름을 입에 부은 듯 고소하다. 씹을 새도 없이 그냥 스르르 녹는다. 냉동 아귀가 주를 이루는 도시 음식점에서는 좀체 맛보기 어려운 맛이다.

아귀는 저지방 저칼로리 식품이니 탕으로 끓이면 맛이 담백하고 시원하다. 헌데, 삼거리회식당 아귀탕에는 대파를 빼고는 콩나물도, 미나리 등등의 채소도 보이지 않는다. 냄비 안에 살만 들어차 있는 '100% 순수 아귀탕'이다.

이 역시 포항지역 전래 요리법이라는 설명인데, 원조는 어부들이라는 귀띔이다. 비싼 채소를 넉넉하게 싣고 조업에 나설 수 없음에 대신 당시 바다에 흔했던 아귀 살이나마 푸짐하게 넣고 끓여보니 맛이 좋더라는.

아귀가 긴 등지느러미의 첫 번째 가시 유인 돌기를 미끼처럼 살살 흔들다가 홀려 든 물고기가 먹잇감인줄 알고 접근하면 순간적으로 큰 입을 쩍 벌려 한 입에 삼켜버리듯 냄비 그득한 아귀 살과 껍질, 내장 등등을 허겁지겁 탐하다보니 어느새 포만감이 느껴진다. 몸 안 그득 영양분이 들어찬 느낌과 함께다.

한편, 아귀는 우리 전 바다에서 잡혀 올라오는 만큼 요리 가짓수도 많고 조리법도 다양하다 그 중 유명해지기로는 어느 지역보다 마산식 아귀찜이 한 수 위일 터이다. '물텀벙이' 노릇만 하던 지난 60년대 중반 어물전 아낙네가 어쩌다가 말려낸 아귀 어포魚脯를 헐값에 구입해간 한 '마산할매'가 무와 된장, 맹물을 자작자작하게 넣고 찜을 해 술상에 올려놓으니 막상 좋아한 이들은 마산 어부들이라던가. 그 며칠 뒤부터 온 마산에 소문이 나기 시작했고, 야채인 무만으로는 씹는 맛이 부족하다 여긴 오동동 등 주변 저잣거리 손맛 좋은 아낙네들이 잘 말린 아귀에 콩나물과 미나리며, 미더덕 등을 넣고 찜으로 내기 시작, 마산아귀찜이란 고유명사가 되기에 이르렀다.

그 뿐이랴, 색다른 양념과 손맛을 낸 아귀전문점이 전국에서 호황 중이어서 중국 수입산 아귀가 음식점 주방에 널리게 되었고, 마산아귀찜골목은 물론 서울 신사동의 아귀찜골목 인천 용현동의 물텅벙이거리 처럼 아귀요리전문점이 모인 동네까지 형성하고 있을 정도가 되었다. 어느 동네든지 예약 없이 간다면 오래 기다려야 자리에 앉는 불편을 감수해야 할 정도로 인기 만점. 각 지역 아귀요리마다 특색이 있는데 어느 곳이나 혀를 연실 내둘러야 할 만큼 맵다는 게 특징이다.

겨울

08
방어

꿈속에서도 몸서리친다는 '못살포' 손맛
모슬포 방어잡이

북풍北風이 불어제친다. 연일 모슬포의 그 모진 파도를 불러일으킬 정도로 사납기만 한 제주의 겨울바람이다. 그럼에도 이렇게 거친 북풍이 불어 닥쳐야 비로소 만선의 꿈을 꾸기 시작하는 이들이 있다. 뱃일 잘하기로 나라 안에 소문난 모슬포 어부들이다.

왕년의 모슬포는 '못살포'라 했다던가. 가뜩이나 척박한 땅에 바다에서 불어 닥치는 바람이 워낙 거세니 살기 팍팍했기 때문이라고 말하는 이도 있고, 모래가 많은 포구라 그리 불렸다는 말도 있다.

별명 유래야 어쨌든지 제주 섬답게 땅 형편이 그리 넉넉하지 못하니 모슬포 사람들은 파도 만만치 않은 바다를 넘보기 시작했고, 굳건하고 슬기롭게 바다의 심술을 버텨낸 끝에 살만한 오늘을 이뤄낸 어부들로 유명해졌다.

이런 모슬포 어부들이니 북풍이 일으킨 드센 파도 속에서도 대물大物에 대한 기대를 저버리지 못하는 것이다. 5킬로를 넘보는 큼직한 몸뚱이, 거친 데 없이 미끈하면서도 통통한 방어를 잡아 올리며 느낄 손맛에 대한 기대다.

이들은 맨살을 할퀴는 날카로운 바람, 세상 뒤집는 듯한 거친 파도 속에서 열 시간 안팎 대방어와 힘겨루기를 하면서 갑판 위에 수시로 대방어를 올려댄다. 이렇듯 기염을 토하는 어부들의 조업현장은 마라도와 가파도 사이의 날선 겨울바다다.

방어밭에서 느끼는 대물의 손맛

모슬포 어부들이 '겨울철 등 푸른 생선의 대표어류'라며 치켜세우는 방어는 난류성 어류다. 방어는 따뜻한 쿠로시오^{黒潮} 해류를 따라 회유하는데, 이 난류는 여름에는 북녘바다로 올라간다. 봄부터 시작되어 가을까지 동해 일대와 남해 전역에서 방어가 잡히는 것은 바로 이 쿠로시오 난류 덕이다. 그러구러 1월이 되면 방어떼는 '남의 바다'를 향해 무리지어 빠져 나간다.

찬바람 속에서 해류의 이동을 감지한 모슬포 어부들은 11월과 12월 두 달 동안 방어잡이에 집중한다.

모슬포 항에서 대방어 풍어를 염두에 두고 출어하는 어선은 30여 척이요, 소방어

일출무렵의 마라도 해상에서 낚싯줄을 드리운 모슬포 방어잡이 어부들

방어밭에서 몸집을 키운 모슬포 방어

위주로 잡아내는 소형어선들까지 합하면 200여 척 안팎이라 했다. 거친 파도를 거뜬히 넘어서며 어부들이 몰려가는 곳은 '방어밭'으로 소문난 마라도와 가파도 중간쯤에 있는 바다다.

바다에 찬바람이 내리면 방어는 제 물길을 잡는다. 쿠로시오 난류를 따라 온 방어무리가 제주 바다에 어군을 형성하면서 "제대로 맛이 들었다"는 소리를 듣기 시작하는 것이다. 바로 이 무렵이다. 마라도 주변바다가 모슬포 어부들에게 '방어밭' 소리를 듣는 때가.

모슬포 어부들의 '한겨울 꿈'인 방어는 지역에 따라 불리는 이름도 다양하여 암호 같은 것도 있다. 경북 지역

첫 방어. 둘이 한 팀이 되어 한 사람은 잡고 한 사람은 잡힌 방어를 뜰채로 건져올린다.

판장으로 가면 10센티미터 내외의 새끼방어는 뜻조차 애매한 '곤지메레미'요, 좀 커서 15센티미터쯤 되면 '덕메레미'가 되고, 30센티미터로 커서 맛이 난다 싶은 놈은 그냥 '메레미'라거나 '되미'로 불린다. 어중간한 크기의 '사배기'를 거쳐 적어도 60센티미터가 넘어서야 비로소 제 이름인 방어로 분류되어 판장에서 중매인들의 눈길을 받기 시작하는 것이다.

강원도로 올라가면 '메레미'가 '마르미'로 바뀐다. 방치마르미 떡마르미 졸마르미라 불리는 것이다. 여기에 야즈·부리·히라쓰 따위 순화되지 않은 일본 명칭도 더해지면 보통 사람들은 기억 한계가 넘어서기 마련이다.

이렇게 일본식 명칭까지 여전히 난무하는 까닭은 예나 지금이나 일본 사람들은 유별나게 방어를 좋아하기 때문이겠다. 이들에게 있어 방어는 우리처럼 단순한 먹을거

좌 방어잡이 어선에 실려있는 두 척의 자선은 미끼용으로 쓰이는 자리돔잡이 때 운용한다.
우 본격적 방어조업에 앞서 밑밥겸 미끼로 쓰일 겨울자리돔부터 잡아야 한다.

리가 아니라, '출세어出世魚'다. 출세어의 본뜻이야 성장하면서 이름이 달라지기 때문에 불리는 것이지만, 그네들의 조상에 대한 제사나 혼례 등의 잔칫상에 오르는 '잔치 물고기'이기에 그렇다는 의견도 있다.

대물 방어지만, 그 큰 덩치에 어울리지 않게 어류분류학에서는 전갱이과에 포함시켰다. 물론, 치어 때라도 날카로운 '모비늘'이 없으니 전갱이과에 드는 다른 어종과 구별이 된다 했다. 다 자란 방어의 날씬한 방추형 몸체는 은백색과 황금빛 배색까지 고루 잘 맞으니 모슬포 어부들의 손끝에 낚여 올라온 방어는 겉보기에도 여간 좋은 게 아니다. 게다가, 작아야 40~50센티미터. 크다 싶으면 1미터를 훌쩍 넘어서는 놈도 많으니 물속에서 발버둥을 칠수록 어부들에게 온갖 손맛을 안겨준다는 얘기다.

물론 쉬운 일은 아니다. 어부들의 낚시에 방어가 걸려드는 순간부터 힘을 몰아쓰며 사투를 벌이듯 해야 한다는 얘기다. 자칫하면 낚싯줄을 물고 달아나는 놈도 드물지 않다. 물속에서 버티는 힘이 보통이 아니기에 내로라하는 꾼들에게도 '바로 이거야!' 하는 놀라운 바다경험을 제공한다는 것이다.

모슬포 방어잡이 어부들의 채비라야 외줄낚시라 불리는 손낚시와 미끼 겸 밑밥으로 쓸 산 자리돔이 전부다. 냉동 오징어를 해동시켜 밑밥으로 쓰는 이들은 대물 맛을 보려고 뭍에서 건너 온 낚시꾼들이다. 모슬포 어부들은 자리돔을 바로 잡아 쓰지만, 예산 넉넉히 잡고 온 꾼들은 비싼 돈을 주고 구입한 오징어를 뿌리며 대물만 노린다던가.

지난 2005년 12월 초순의 새벽 6시, 모슬포 선적의 방어잡이 어선 승선어부들이 여명 속 항구를 벗어나고 있었다. 이들이 먼저 할 일은 겨울 자리돔잡이다. 하늬바람 불어제치는 방향을 피해 대포동이나 강정동 앞바다에 자리그물을 내리면서 조업이 시작된다. 말 그대로 좀체 이동을 하지 않으며 자리를 지킨다는 자리돔을 굳이 많이 잡아낼 필요는 없다. 두었다가 오뉴월 자리돔 맛을 봐야하지 않겠는가, 그저 방어를 유인하고 외줄낚시미끼로 끼울 만큼이면 족하다는 얘기다.

양망 두 번 만에 당일 쓸 양을 잡아낸 모슬포 어부들의 어선은 다시 먼 바다로 향한다. 출항 30여분. 엔진 '쌩쌩한' 어선들 곁으로 나지막한 둔덕 하나가 설핏 지나친다.

미끼용 자리돔은 적당량만 잡아 산채로 어창에 보관한다.

어슴푸레한 바다·하늘 말고는 그저 여백餘白이었던 공간에 불쑥 나타났다 뒤로 물러선 건 낮대대한 섬 가파도다.

그러구러 다시 20여분, 별안간 선속을 줄인 까닭에 방향 없이 크게 기우뚱거리던 어선 앞에 또 하나의 섬이 가로막는다. 마라도다. 말 그대로 이 나라 최남단 섬이요, 그 앞 바다에는 만만찮은 파도까지 들쭉날쭉 키재기를 하고 있다. 파도가 한결 위협적으로 느껴짐에 선창 틀을 거머쥔 손에 절로 힘이 들어간다.

앞서거니 뒤서거니 모슬포 항을 떠나왔던 수십 척 어선들이 너

좌 방어가 잡히자 뜰채를 동원하는 승선어부
우 각자 낚시로 방어를 잡아내는 배에서는 선장의 어장선택 능력이 필수다.

나없이 파도 따라 출렁댄다. 지도 위에서 보던 마라도는 그저 한 개의 점이요, 두 척의 선외기를 이물 쪽에 실은 채로 포구에 묶여있을 때는 웬만한 크기의 돌섬처럼 큼직하고 믿음직해 보였던 어선들이었다. 그러나 바다 위에서 마라도와 견주니 그저 일엽편주一葉片舟에 지나지 않았다.

동승한 방어잡이 배에는 선장 외에 여덟 명의 승선어부들이 함께 타고 나선 참이다. 이물에서 고물까지 제각기 자리를 잡은 어부들은 거센 파도 따위는 본체만체하고 저마다 조업채비에만 몰두할 뿐이다. 출항 때부터 눈 여겨 본 바지만, 그 채비라는 게 아닌 말로 '보고 자시고' 할 것 없을 정도로 단순 일색이다.

너나없이 먼저 하는 건 검지와 중지 마디에 반창고를 몇 겹씩 감고 '목장갑'부터 챙겨 끼는 것이다. 굵직한 낚싯줄의 외줄낚시라도 자칫하면 힘주던 손가락에 칼로 베인 것이라 여겨질 정도의 날카로운 상처를 입히기 십상이기에 나름의 예방조치를 하는 것이다.

출렁대며 앞으로만 내닫는 배 위에서 뒤로 비껴나는 바다 속에 아무렇게나 던진 낚싯줄 뭉치가 파도에 풀리기를 기다렸다가 한 팔 한 팔 거둬들여 큼직한 플라스틱 항아

상 최남단 섬 마라도 앞바다가 방어어장이다.
하 방어를 뜰채로 올렸다. 꼴랑대는 배 위에서도 방어잡는 일에 능숙한 모슬포 어부들

리 속에 차곡차곡 다져 넣던 어부부터, 짝을 이뤄 낚싯줄을 풀고 감는 손이 척척 맞는 한 팀의 어부들도 마찬가지다.

한 사람은 뱃전에서 부서진 파도를 피할 양 선실 뒤에 선 채 낚싯줄 칭칭 감은 두 손 탓에 뒤뚱발이 노릇을 하며 낚싯줄을 풀고, 그와 마주 했으되 아쉬우나마 고물 쪽 바특한 빈틈에 걸터앉은 이는 바람에 날릴 듯 풀려나는 줄을 '자새'에 감고 있었다.

선실 안, 어탐기에 눈을 주고 있던 선장이 다시 선속을 올리며 마라도 주변바다에 선체를 바싹 들이댄다. 두 명의 승선 어부가 이물 쪽 어창을 열어 제치고 그 안에서 산 채로 꼬물대는 자리돔을 뜰채로 떠내고는 바다에 흩뿌린다. '밑밥'이다. 승선어부들은 곧 저마다 자새에 감아두었거나, 플라스틱 항아리에 쟁여놓았던 낚싯줄을 풀기 시작했다. 낚싯줄 끝에는 한 개의 낚싯바늘만 매 놓았다.

선장은 그런 중에도 선속을 줄였다 높이기를 반복한다. 취미 삼아 하는 낚시꾼들을 태운 낚시유어선과 조업을 위한 운항은 완전히 다르단다. 유어선은 줄곧 한 자리에서 낚시질을 하다가 꾼들의 요청이 있어야 이동하기 때문이요, 조업어선은 선장의 판단에 따라 수시로 자리를 옮겨 다니는 것이다.

어탐기에 연신 찍히는 수심은 300미터 안팎. 우현 쪽에 몰려선 어부들의 손에서 낚싯줄이 한참을 풀려나가도 닿을 수 없는 깊이다. 첫 어신魚信은 선수 가장 앞쪽에서 먼저 왔다. 몇 번에 걸쳐 '챔질'을 하던 선수 쪽 어부 곁에 밑밥을 뿌렸던 어부가 뜰채를

마라도와 가파도 겨울 파도는 제주어부들 사이에서 거칠기로 손꼽힌다.

들고 대기한다. 낚싯줄에 딸려 올라오는 것은 날씬한 몸매의 대방어 한 마리다. 마수걸이로 더 없이 좋은 놈이다.

"요즘 덜 잡혀 그렇지, 많이만 낚는다면 손맛에서 이 방어 '일본조一本釣(손낚시)'만한 재미를 주는 게 없을 거야. 큼직한 몸집만큼이나 물속에서 버터내는 게 장난이 아니거든. 낚아채고 끌어올리는 게 꽤 힘이 들지만 그 재미란 것도 보통 아니라 말이지." 나이 지긋한 어부의 말인데, '돈까지 된다면 썩 할 만한 어업'이라는 얘기였다.

'일본조一本釣'. 수산어법상 손낚시에서도 외줄낚시류에 드는 이 어법은 낚싯줄 한 가닥에 대상 어종에 따라 한 개에서 열 개 안팎의 낚싯바늘을 매고 생미끼를 달아매는 게 기본이라 했다.

어부들이 방어를 낚아 올리는 중에도 어선은 쉼 없이 달렸다가 멈추기를 계속한다. 덜 잡힌다 싶으면 어탐기를 살펴가며 선속을 올렸다가 방어어군이 형성되면 다시 선속을 줄인다. 승선어부들 역시 그에 맞춰 낚싯줄을 내려 '챔질'을 한다. 이렇게 승선어부들이 내는 열기에 마라도 칼바람까지 눅는 듯하다.

오전 열한시, 선장은 마이크를 통해 '미끼를 너무 헤프게 썼다'며 낚시채비를 거두라는 지시를 내렸다. 어획량은 열 댓 마리쯤인데, 밑밥과 미끼로 마련해간 자리돔이 일찌감치 떨어졌다는 얘기다.

자리돔은 제주 바다에서 연중 잡히는 토박이 어종. 겨울 자리돔은 뼈가 억세어지거나 혹은 크기가 작아 상품가치가 없고 이렇게 방어낚시 미끼로나 쓰이는 정도지만, 어선마다 보아둔 자리밭은 따로 있다. 선속을 올려 이동한 바다는 새벽의 서귀포 대신 모슬포 항 부근이다. 이 바다 역시 승선어부들이 미끼용 자리돔을 자주 잡아내는 곳이라 했다.

이물 쪽에 얌전히 올라있던 선외기가 제 역할을 하는 순간이기도 하다. 선상 기중기로 선외기 두 척을 바다에 내려놓자 두 명의 어부가 올라타더니 모선에서 멀어진다. 줄 하나씩 연결한 채다. 곧 풀려나는 자리돔 그물. 자리돔의 제철 조업 때와 다를 바 없이 붉은 색 그물이다. 승선어부들은 방어잡이보다 오히려 더 긴장한 모습으로 우현에 늘어선다. 겨울 찬바람이 내려앉은 바다는 속까지 훤히 비칠 정도로 맑다.

선외기에 탄 어부들은 수경을 내려 자리돔의 움직임을 살피며 손짓으로 선장에게 자리돔의 이동상황을 알려준다. 선장 역시 연신 어탐기를 주시하다가 내리는 양망 지시. 곁에서 보기에 모선과 선외기에 나눠 탄 어부들은 각자해야 하는 방어잡이 때보다 한결 힘찬 모습으로 그물을 올리기 시작했다. 제철만 못하지만 밑밥용으로는 충분하다 할 정도의 자리돔이며 자선까지 모선에 실리자 다시 선속을 내 마라도 바다로 향한다.

방어는 자리돔을 좋아한다. 마라도와 가파도 등 제주 바다로 몰려드는 이유 중 하나다. 바다 속에서 스스로 자리를 잡아먹다가 결국 밑밥과 미끼 자리돔 까지 욕심을 내는 모슬포 방어기에 '자리방어'라는 별명으로도 불리는 것이다.

'믈록믈록' 탱탱한 방어 회

제주 방어는 한겨울 산란기를 맞는다. 냉하나 먹이 많은 마라도 겨울바다에서 몸 안에 지방을 채우기 시작한 방어기에 제 맛 날 수밖에 없다는 것이다. 게다가 마라도와 가파도 주변 바다는 방어가 먹이만 잡아먹으며 한가하게 보내는 꼴을 그냥 두고 보지 못한다. 특유의 거칠고 빠른 물살로 뒤흔들어대며 방어의 운동량을 한없이 늘려놓는다는 것이다.

이렇게 속살까지 탄탄하게 단련된 뒤에야 모슬포 어부들에게 잡힌 방어는 제주말로 '믈록믈록'하다. 포동포동 살이 들어찼다는 얘기다. 뿐이랴, '탱탱하니 씹히는 맛이 일품'이라는 칭찬은 기본으로 듣는다.

방어, 삼치에 참치 등 붉은 살 생선, '그것도 선어회'라야 좋아라하는 일본인 관광객들이 환호하며 달려든다는 모슬포 방어다. 값까지 일본에 비할 바 아닐 정도로 저렴하니 겨울이면 아예 '방어여행'을 아이템으로 하는 여행사 상품까지 반짝 재미를 볼 정도라 했다.

좌 방어잡이 축제에서 뱃고사를 지내는 사물패
우 2011년 12월에 열린 축제장에서는 오랫만에 방어풍어를 기원하는 풍어제가 열렸다.

관광객을 위한 현장 체험 방어 위판

반면, 광어 우럭 참돔 등등 흰살 생선 '그것도 활어회'에 군침을 흘리는 우리 관광객들이지만, 방어회 접시에는 주저 없이 젓가락을 들이민다. 방어는 한국인들의 입맛에도 잘 맞는 붉은 살 생선인 것이다.

"방어가 다 같은 게 아니죠. 제주 사람들도 마찬가지지만, 뭍에서 미식가로 소문난 이들이 손꼽아 주는 건 역시 우리가 마라도 앞 바다에서 손낚시로 잡아낸 방어죠. 물속이 온통 '돌밭'인데다 해류까지 엄청나게 빠르니 자연히 운동량이 많을 수밖에 없고, 손님상에 오르는 건 육질 단단한 방어인 까닭이겠죠."

배에서 들었던 얘기가 반복된다. 모슬포 방어축제장에서 대표 주방장이 하는 말이다. 같은 섬이라도 여름에 제철을 맞는 울릉도 방어와 다르고, 강원도 경북바다에서 정치망에 잡히는 방어와 차원이 다르다는 칭찬 일색이다.

싱싱한 방어회

　그럼에도 모슬포 방어 값은 헐하다. 선호도 차이도 있지만, 육지부에 올려야 어가 형성이 될 터인데, 횟감으로 보내자면 비행기를 태워야 한다. 배보다 배꼽이 커지는 경우다.

　'방어 맛도 다르고 값도 다르다'는 것을 보여주기 위해 모슬포 어부들은 해마다 축제를 열고 있다. 축제장을 찾아온 관광객들은 '다른 횟감에 비해 엄청 싸다!'며 좋아라 했다. 2킬로그램 안팎 크기의 방어가 2만 원 정도였음이다. 서민층 관광객들에게 회라는 것은 일단 싸야 좋은 것이다. 우선 눈으로 먹기 그만인 붉은 색 살점. 적당히 기름진 회를 질릴 정도로 먹은 다음 순서는 '숯불 대가리 구이'다. 싱싱한 채로 구우니 씹는 맛부터 부드럽다. 넉넉한 살집 골라 소금에 찍어 먹으면 '이게 모슬포의 겨울 맛'이구나 하고 고개가 절로 끄덕여지는 모양인지 자리마다 조용하다. 먹기에 바쁜 것이다.

　한편, 방어는 스스로가 등 푸른 생선이면서도 '다른 등 푸른 생선'을 즐겨먹는 식성

방어 맨손잡이에 참여한 여성관광객이 잡은 방어를 자랑스레 들어보인다.

을 지녔다. 정어리·고등어·전갱이·꽁치 들 해서 잘 알려진 등 푸른 생선을 유독 좋아한다는 얘기다. 그래 그런지 방어 살에는 사람 몸에 좋다는 온갖 성분이 고루 함유되어 있다.

모슬포 어부들은 마라도 가파도 방어야 말로 '헤엄치는 영양제'라 기염을 토했다.

이런 모슬포 방어 맛을 다시 본 것은 지난 2011년 겨울 모슬포 방어축제 현장에서다.

겨울치고는 제주행 비행기 안에 유난히 승객들이 많았다. 이들 중에는 틀림없이 '드디어 때가 왔다. 방어 철이다!'며 일정을 잡았을 '맛 중심 관광객'들도 적지 않을 터. 마라도와 가파도 등 제주 바다에 방어 어장이 형성된 것은 지난 11월 20일 경부터라는 보도를 듣고, 봤음이겠다.

축제장에 큼직한 방어 열 마리가 수조에 풀렸고, 참여 관광객들의 호기심 어린 환호성이 이어진다. 참가비 2만원에, 1인당 두 마리까지! 웬만한 크기의 방어 한 마리가 횟집에서 5만원 정도한다는 것을 알고 참여한 '알뜰 관광객'들은 가족들의 기대에 부응, 쌀쌀한 날씨에도 불구하고 온몸을 던져가며 맨손 방어잡이 미션에 몰두한다.

크기에 비해 엄청 날랜 몸짓으로 관광객 사이를 미꾸라지처럼 빠져 다니던 방어가 몸을 사리지 않는 참여 관광객들에게 한 마리 두 마리 잡히기 시작한다. 그럴 때마다 수조 주변을 에워싼 관광객들 사이에서 환호가 터진다.

몸 사리지 않고 첨벙대던 한 여성 관광객이 끝내 큼직한 방어를 들어 올린다. 여성으로서는 쉽지 않은 일이기에 곳곳에서 카메라 플래시가 터진다. 참가비 없이 체험기회를 얻은 아이들도 신났다. 자기들의 몸만 한 방어의 크기에 놀라 처음에는 오히려 방어를 피해 다니던 아이들이 부모들의 열띤 성원에 용기를 낸다. 여봐란 듯이 한 아이가 잡아내니 오기가 난 다른 아이들도 온몸을 던져가며 방어잡이를 시도하고 있었다.

겨울

09

양미리

따야하고 벗겨야 하고
**그물코마다
양미리가 꽂히다**

강원도 고성군어부들의 양미리그물 양망

이미 겨울이었다. 11월 새벽6시, 고성군 거진 앞 바다에서 맞는 바람은. 만약에 뭍에서 입동 지난 긴 겨울밤을 보내며 여명을 기다리는 이가 있다면 가장 지루한 시간이겠다. 같은 시간 바다 위 고성 어부들이 기다리는 것은 여명이 아니다. 온밤을 모래 밑에 얌전히 들어앉아 나름의 휴식과 숙면을 취하다가 동틀 무렵에야 먹이를 찾아 겉모래를 뚫고나오는 양미리 떼이다.

이맘께의 양미리는 고성군 앞 바다에서부터 강릉에 이르는 강원도 전 연안에서 잡혀 올라와 조업어부들은 물론이려니와 어촌아낙네들의 손길을 바쁘게 한다. 강원도 바다 속에 양미리 떼가 살기 좋다고 여기는 모래밭이 잘 발달돼 있는 덕인데 "워낙 많이 잡혀 성가시다"

일출 무렵 자망에 꽂힌 양미리들

할 정도로 풍어를 이루는 11월이다.

여명인가 싶더니 어느새 일출. 이제 어부들이 미리 드리워놓아 모래 위를 뒤덮듯 깔린 그물코마다 시장기를 못 이겨 튀어 오르던 양미리가 꽂히기 시작할 터였다. 좌현 양망기에 모릿줄이 감기자 뒤를 이어 코코마다 양미리가 꽂힌 그물이 올라오면서 승선 어부들의 손길이 분주해진다.

너무 많이 잡혀도 고민이다

고성군 어부들 중에는 올 겨울에 양미리가 많이 날 것이라는 조짐을 알아챘었다는 이도 있다. 지난 봄 '초도곡멸'이 다시 풍어를 이룬다는 말을 전해 듣고는 진작부터 양미리가 많이 몰려들 것을 예감했다는 것이다.

선수에서 양미리 그득한 그물을 갈무리하는 승선어부

초도에서 명물 노릇을 하는 곡멸은 어느만큼 자라면 양미리 모양새를 갖춘다던가. "동해안에서 양미리라 불리는 종도 까나리과에 드는 동해안산 까나리가 맞는 말"이라는 학자들의 의견을 들은 뒤라 생김새가 똑 같다고 느껴진다. "양미리나 곡멸 모두 토박이말이라는 것. 더불어 서해안 산은 10센티미터 안팎이요, 동해안 산은 25센티미터까지 자라는 등 개체군의 차이가 크다"는 것 등등은 곡멸 촬영 때 이미 들은 얘기다. 잘 자란 이 '곡멸'은 10월이 지나 수온이 17~18℃ 정도가 되면 어판장에서 '양미리'라 불리는 크기가 된다는 것이다.

좌 양망기에 달라붙은 승선어부 두명의 근력으로도 버거운 그물
우 정치망 그물 빼곡히 꽂힌 양미리는 처치 곤란이다.

    동해안에서 11월부터 12월에 잡히는 양미리는 알이 꽉 들어차 있다 했다. 어부들은 이때를 산란기로 보면, 알을 깨고 나온 놈들이 자라, 오뉴월 그물에 걸리고, 몇 개월 뒤 다시 알이 실하게 들어찬 채로 그물에 걸려드는 게 양미리의 한살이가 아닐까 짐작하고 있었다.

상 그물에서 양미리를 벗기는 아낙네들
하 그물코마다 꽂힌 양미리를 벗기는 일은 보통 중노동이 아니다.

다섯 닥에서 여덟 닥 정도 싣고 나가는 게 보통이라 했다. 일손이 없으니 별수 없이 어획량을 줄이자는 생각에서겠다.

"태풍 루사와 매미 덕에 바다 속이 한바탕 뒤섞인 덕에 최근 몇 년간 바닥을 치던 어획량이 늘었으니 우리 어촌 경기회복에는 꽤나 도움이 될 겁니다." 덕진호 승선어부의 말인데, 육상 피해는 '탓'이지만, 바다 속 사정은 태풍 '덕'에 좋아졌다는 얘기다.

11월 초순의 새벽, 자망바리 어선 덕진호에 승선, 대진항을 벗어나자 먼저 만난 것은 역시 양미리 유자망 어선들이다. 이미 일출이 시작되고 있는 그 바다에서 십 몇 척의 유자망 어선에 나누어 탄 어부들이 대진항 바로 앞 바다에서 코코마다 양미리가 꿰어진 그물을 올리고 있었다.

'양미리 풍어'라는 말이 어김없다는 생각이 들 정도로 어선 이물마다 양미리 그득한 그물이 켜켜이 쌓여있었다. 몇 닥 그물을 올리지 않은 듯한데, 조업을 끝내고 뱃머리를 돌리는 어선들도 여러 척이다.

두어 시간에 걸친 양망 끝에 덕진호 이물은 그물코마다 양미리가 꽂힌 그물이 차지했다. 대부분의 양미리 배가 볼록하니 알배기라 여겨지는 양미리다. 양망작업 때는 그물코마다 걸리다시피 한 양미리를 떼어낼 시간조차 없으니 어선마다 일단 양망부터 끝낸다. 사전연락을 통해 포구에서 대기 중이던 아낙네들에 의해 귀항 후 탈망작업이 마무리되기 때문인데, 양미리 철에는 이 일 역시 서둘러야 순서가 돌아온단다.

"양미리잡이에 나서는 자망바리 어부들은 너무 많이 잡혀도 고민입니다. 그물에서

좌 주문진 아낙네들의 양미리 탈망
우 그물에서 벗겨낸 양미리

양미리 벗겨내고, 투망채비 해줄 일손 구하기가 워낙 어렵기 때문이죠. 양껏 잡아내면 스무 명의 아낙네가 달라붙어도 반나절 작업만으로는 어려울 때가 자주 있으니까요." 양미리 풍어가 마냥 좋아라할 일은 아니라는 게 덕진호 선장의 속내였다.

고성에서 강릉에 이르는 동해안에서 양미리를 잡아내는 자망바리 어선마다 예닐곱 명에서 많게는 열 명쯤의 아낙네들이 탈망 작업에 매달리나 시간 안에 끝내자면 보통 고된 일이 아닌 것이다. 아낙네들이 양미리 한 양동이를 채우면 삯으로 2,000원을 받는다던가. "한 철 부업으로 괜찮다"는 어촌 아낙네들.

"일손부족으로 갈무리가 어려우니 별수 있습니까? 어획량을 조절하자는 거죠. 일손 부족에 면세기름 값 상승까지, 당장 해결하기 어려운 문제들이 속 시끄럽게 합니다만, 이런저런 사정이야 어쨌든 일단 바다에 나가면 많이 잡히니 기분만은 좋습니다."

고성이나 속초나 어부들의 생각은 같은 모양인데, 곡멸을 잡아내는 초도어부들은 생각이 달랐다. 양미리를 이렇게 양껏 잡아내는 게 반갑지만은 않다는 것이다. 그대로 두면 이듬해 봄 산란후 성장한 곡멸 무리를 잡아 저자에 낼 수 있고, 값도 그편이 훨씬 낫다는 생각에서겠다.

한편, 많이 잡힌다고 대충 처리하는 것은 아니다. 그물코에 꿰인 양미리는 양륙 후 어체가 상하지 않게 탈망하는 게 중요하다. 자망바리 어부들이 양미리를 잡는다는 말보다 양미리를 '딴다' 거나 '벗긴다'는 표현을 즐겨 쓰는 이유다.

숙달된 아낙네들이 재빠른 손길로 그물에서 벗겨낸 양미리는 멀지 않아 산더미처럼 쌓인다. 이 '산더미'는 가공공장으로도 실려 가기도 하고, 건어물 상인들에게도 팔려 나가기도 한다. 이때부터 배 위에서나 판장에서의 대접과는 차원이 달라진다. 사료공장 등으로 간 놈들이야 제 팔자려니 치고, 거진항 등 건어물상으로 실려 온 양미리는 왕년에 황태 달아 말리던 실력 여전한 아낙네들에 의해 엮어지고, 신선한 바닷물에 냉욕까지 마친 뒤 볕 좋은 공간에 매달려 새로운 임자를 찾게 되는 것이다.

상 조업보다 탈망작업에 품이 더 든다.
하 탈망작업이 끝난 그물을 정리 중인 어부들

값싼 생선으로
알뜰하게 생색내기

맛? 맛은 여전하다. 많이 잡히면 당연히 소문이 난다. 양미리 맛을 아는, 고향을 떠난 고향친구들이 수시로 전화를 하는 통에 작업에 지장이 생길 정도라는 게 강원도 어부들의 '싫지 않은 하소연'이다. 딱 이맘때의 강원도 바다 맛이 바로 양미리 맛이라는 것이다.

이런 양미리는 동해안에서 값싸기로 첫손에 꼽히는 생선이다. 특히 입동 지나 잡히는 양미리는 씨알도 굵고 맛까지 좋으니 생색내기에는 그만이라 했다. 게다가 양미리는 칼슘이며 철분·단백질 등이 풍부해 겨울철 영양보충 식품으로도 손색이 없다는 것이다.

많이 잡히고 영양가가 많다는 소문이 돌다보니 11월 중순이 넘어서면 동해안 포구마다 양미리 맛을 찾아온 관광객들로 북적인다. 이들이 찾는 양미리 요리 중 인기를 끄는 것은 탄불이나 숯불에서 잘 구워낸 양미리 소금구이다.

깨끗이 손질한 양미리에 굵은 소금 흩뿌리고 통째 탄불이나 숯불에 올려 구워 먹는데, 내장과 뼈까지 먹어야 제 맛이 난다는 것이다. 뱃속에 알까지 들어차 있으면 씹는 맛까지 좋으니 금상첨화라던가.

거진항 등 고성군 음식점에서는 잘 말려둔 양미리를 졸이거나 찌개로 맛을 내 밥반찬으로 손님상에 올려 인기를 끈다. 손맛 있는 주부는 '바다 미꾸라지

가용으로 건조 중인 양미리

좌 고성군 거진항에 내걸린 역걸이 건조 양미리
우 양미리찜. 양미리는 강원도의 잔칫상에도 곧잘 오른다.

라는 별명에 걸맞게 잘 갈아서 해장국으로 내기도 하는데, 추어탕과 견줄 만큼 진한 국물 맛으로 소문나있다.

어찌 알았는지 내 친구들로부터 전화가 왔다. "우리 내려간다!"라는 일방통보다. 적은 돈으로도 알뜰하게 생색낼 수 있는 양미리가 있으니 다행이랄까. 강릉의 지인 집에 양미리를 넘겼다. 밥 때 맞춰 도착한 친구들은 꾸덕꾸덕 말렸다가 장작불에 구운 양미리 몇 두름부터 뚝딱 해치웠다.

양미리 많이 나는 어촌의 아낙네라면 찜으로 요리하기를 즐긴다. 추수 끝낸 뒤이니 구하기 어렵지 않은 볏짚 솥바닥에 깔고 양미리 한 층 올리고, 다시 볏짚으로 덮고 다시 양미리 한 층 올리는 식으로 물 적당량 붓고 장작불에 삶아낸 양미리는 맛도 좋지만, 볏짚이 지닌 성분 덕에 탈날 일도 없다 했다.

겨울

10

정치망

세벽 출근, 아침 퇴근
점잖은 어부들의
점잖은 고기잡이

〜

동해안 정치망 어부들의 겨울 바다

오랜 기간 이 나라 동서남해안 연안어업의 중요한 자리를 차지해 왔던 정치망 어업이 탈바꿈하고 있다. 전통 방식의 정치망에서 '현대식 이각망' 형태로 바뀌어 가고 있는 것이다. 특히, 이런 모습은 강원도에서 경북에 이르는 동해안이 압도적으로 많은 오늘이다. 함께 나간 두 척의 어선 어부들이 호흡을 맞춰가며 물고기를 잡아내던 전통적 정치망 조업 현장 보기가 나날이 어려워지고 있다.

회유성 어종을 주 어획 대상으로 한다. 어군의 이동로에 긴 길그물을 설치하여 어군을 차단 한 후 길그물에 연결된 우리 안으로 유도하여 잡는 어법이다. 장소를 구획하여 로프·뜸·닻 혹은 멍으로 사개를 부설하고 사개에 그물을 설치한 다음 어장을 이동하지 않고 하루 한 두 차례 어장에 나가 원통에 갇힌 어군을 어획한다. 길그물에 의해 통로가 차단된 어군이 헛통 속으로 유도되어 헛통 속에서 선회하다가 다시 비탈 그물을 통해 원통 속으로 유도되어 갇힌다. 원통 속

대양호 등 남애항 선적 정치망어선 어부들의 위판준비

에 가두어진 어획물을 인양할 때는 비탈 그물과 원통의 연결부에서부터 머거리 쪽으로 그물 살을 추어 나가 원통 속의 어군을 원통 끝에 있는 고기받이에 모은 후 어획물을 퍼 올린다.

국립수산과학원의 어구와 어법 중 정치망 어법에 대한 설명인데, 간단히 말하자면 일정 해역에 물고기 떼의 이동이 예상되는 길목을 차단하는 그물을 설치해 대량 어획하는 고기잡이쯤으로 이해하면 되겠다. 다른 어선어업처럼 어군을 쫓아다니면서 잡는 적극적인 어법이 아닌 것이다. 새벽마다 마지막 그물인 원통에 든 어류를 퍼 나르는 정도의 '소극적 어법'이라 할 수 있다.

우리 바다 정치망 어법은 조선후기에 들면서 그 조업기술이 부분적으로 향상되기 시작했다는 게 어로 관련 학자들의 생각이다. 물론, 경험을 바탕으로 우리 어부들 스스로 고안한 그물도 많지만, 일본인들의 어업침략이 거세지면서 어로노동자로 전락해 일인 어장주에게 고용된 우리 어부들이 일본의 앞선 어로기술을 어깨너머로 배우고 익히게 되었다는 것도 무시할 수 없다는 것이다.

실제 우리 정치망은 지난 1920년대부터 발전하기 시작했다는 게 『한국수산지』의 기록이고 보면, 그 무렵의 일본인들에 의해 본격적으로 발전되었다는 게 그리 틀린 말은 아닌 듯하다. 일제암흑기의 정치망 어업은 여건 상 우리 영세어부들이 허가를 취득하기가 거의 불가능 했었다던가.

남애 정치망
노어부들과의 하루

"반평생 넘게 매일 보아 온 바다인데도 날이면 날마다 다른 표정으로 맞이하는 게 바다"라 했다. 2005년 1월의 새벽 5시 반, 양양 남애항에서 만난 늙수그레한 정치망 어부의 푸념 섞인 말이다. 풍랑주의보 사흘째, 날 세운 겨울 바다가 어부들의 들고남을 쉽게 허

양양 남애항 선적 정치망 어선 대양호 어부들이 맞는 일출

락하지 않고 있었기 때문이다. 이 나라 삼면 바다 치고 바람의 영향을 받지 않는 곳이 어디 있을까만, 특히 겨울철이면 바람에 좌우되는 게 동해안 어부들의 바닷살이다.

북서계절풍이 불러일으킨 파도 높이 3~4미터. 바다 위에서 풍속 14m/s 이상의 바람이 3시간 이상 지속되거나, 유의파고가 3미터를 넘어서면 풍랑주의보가 발효되고, 풍속 21m/s 이상, 3시간 넘게 센바람이 불라치면 주의보는 다시 경보로 바뀐다. 이 정도면 파고는 5미터 안팎이라던가. 역시 정치망 어부의 설명인데, 때로는 주의보에도 아랑곳없이 바다로 나가는 게 양양 정치망 어부들의 뱃심이었다.

양양군의 해안선 길이는 45킬로미터쯤으로 동해안에서는 긴 편에 든다 하겠으되, 남애항·수산항·기사문항 등 몇몇 포구를 빼고는 여전히 겨울파도를 두려워해야 할 정도의 규모다.

양양군에서 수산업이 활발한 곳도 이 세 어항이 중심이 된다. 한 시절 명태가 많이 나면서 '제2의 신포'라 불린 적도 있었다던가. 특히, 일제암흑기가 끝나갈 무렵에는 정어리 가공공장이 들어설 정도였고, 지금도 여전히 양양군 수산업의 중심 역할을 하는 포구가 바로 남애항이다.

남애항 어부들은 지금도 '나름 괜찮다'고 자평한다. 철 따라 꽁치며 임연수어에 양미리·도루묵·청어·오징어·연어 같은 대중 어종이 정치망 그물에 들어 판장 위에 물 마르지 않게 해주는 한편, 선주에게는 목돈을 쥐어주는 덕이다. 물론, 이 말고도 뼈 채로 썰어먹는 물가자미며, 요즘 제 대접을 받는 곰치 같은 별난 어종들도 남애항 정치망 어부들이 올리는 그물을 묵직하게 하는 생선들이다

정치망어업은 나이 든 토박이 어부들의 팔뚝에 힘이 들어가게 해주는 고기잡이로 첫손에 꼽힌다던가. 토박이 어부들은 너나없이 풍어의 나날이었던 '왕년'을 떠올린다. 더불어 지난 2000년 성탄절 이튿날, 연이틀간 방어가 몰려들어 수억 원의 횡재를 했던 경북 영덕군 구계항 영광호의 행운이 자신들에게도 재현되길 기원한다.

당시 '21세기 베드로의 기적'이라 소문났던 정치망 어선 영광호의 영광, 그 내용은 이렇다. 그해 12월 24일 4,370 마리의 방어 떼가 영광호 어장에만 들었다. 주변에 설치된, 목 좋다고 소문났던 다른 정치망 어장에는 단 한 마리의 방어도 들지 않았으니 판매가격까지 좋았다. 당시 10 킬로그램 방어 한 마리 값은 16만원 안팎으로 위판금액이 4억 원을 훌쩍

정치망 승선어부들은 양망 중에도 터진 그물을 수시로 보수해야 한다.

그물 코마다 꽂힌 대멸치에 한숨부터 쉬는 승선어부. 멸치 털어내기가 보통 일이 아니기 때문이다.

넘었다는, 말 그대로 영광스런 일이었다.

뜬소문이 아니라는 것은 이미 확인했다. 시일이 지났을지언정 그 주인공인 영광호 자선장 겸 어장주인 김상태 씨를 만나 인터뷰를 했고, 뒤늦게나마 그이의 정치망 어장까지 동행해 촬영했기 때문이다. 이게 다가 아니다. 그로부터 한 달이 지난 1월23일에는 어부들이 '바다의 로또'라 부르는 고래가 들었다는 것이다. 그것도 길이가 5미터나 되는 밍크고래다. 정치망 어장 등에 드물게나마 돌고래가 걸리긴 해도 대형 밍크고래가 걸려든 유래는 드물다. 살아있으면 당연히 방류해줘야 하지만, 정치망 그물에 든 고래는 그물 밖으로 빠져나오지 못하고 익사를 한다.

영광호어장주 겸 자선장 김상태 씨는 '연이은 횡재 덕에 정치망 어장 구입에 들어간 빚을 완전히 청산했다'고 밝혔다. 그러니 어느 정치망 어부가 같은 횡재를 바라지 않겠는가.

영광호 대박소문은 7번 국도를 타고 강원도까지 거슬러 올라갔다. 남애항에서 가장 먼저 새벽을 여는 정치망 승선어부들의 안주 거리로도 등장했다. 본래 새벽잠을 설쳐야 하는 게 정치망 어부인 데다가 일출 늦은 겨울철, 주의보가 내렸다 해도 출어에는 변함이 없으니 연중 새벽잠은 아예 포기를 했다는 어부들 아닌가.

"주의보보다 요즘 문제는 그물에 드는 고기가 시원치 않다는 거지. 횟감처럼 돈 되는 활어가 드는 것도 좋겠지만, 우리네 어부들이야 무슨 고기든 그저 그물이 넘쳐나게 잡혀야 힘이 들어가거든. 어서 오르슈, 슬슬 나가 봅시다."

새벽 6시, 남애 정치망 어선 대양호 어부들과 함께 나간 방파제 밖 바다는 희끗희끗 날카로운 이빨을 드러내고 있었다. 바로 앞 바다라 해도 방파제만 벗어나면 사납기가 먼 바다와 엇비슷해 지는 게 겨울 바다 아닌가. 너울을 타고 오르내리기 20여분, 첫 어장에 도착한 어부들의 몸놀림이 바빠졌.

오랜 동안 이 나라 동서남해안 연안어업의 중요한 자리를 차지해 왔던 정치망 어업이 탈바꿈한지 이미 오래 전의 일이라 했다. 전통 방식의 정치망에서 '현대식 이각망' 형태로 바뀌어 가고 있는 형편인데, 남애 어부들의 정치망 역시 마찬가지라는 얘기다.

"연안 어장 오염이다 어자원 감소다 해서 정치망이 아예 없어지려나 했더니 웬걸,

조업을 마치고 귀항하는 양양군 선적 정치망 어선

90년대 이후 도시에서 내려오는 관광객의 주머니가 넉넉해지면서 신선한 자연산 횟감을 찾는 이들이 연일 늘어나고 있거든. 나름대로 안정을 찾은 것 같아. 아직은 그럭저럭 '해먹을 만한 어업'이란 소리를 듣는데, 어촌인구 노령화 일손부족 같은 사회현상이

결국 정치망 어선에 크레인을 설치하거나, 신형 정치망으로 바뀌게 하는 거여."

남애 정치망 승선 경력만 40년이라는 어로장의 설명이다. 특히, 바다경험과 근력이 필수라는 게 정치망에 승선하는 어부의 조건인데, 이런 조건에 맞을 정도의 능숙한 일손 구하는 일부터가 예사가 아니라고 덧붙인다.

어로장의 말 중 '전통'과 대비되는 '신형 정치망'은 개량 이각망을 가리킨다. 명칭만큼이나 바다 속에 드리워놓은 그물 생김새도 영 생소하다 했다. 전통 정치망 입구가 한 군데인 것에 비해, 신형은 물때에 따라 밀려든 돔이며, 방어에 우럭 등등 횟감용 어종들이 그물 양쪽에 설치되어 있는 원통형 그물로 들어가게 고안된 것이다. 특수한 모양새의 이 '깔대기 그물'로 하여 일단 들어온 물고기가 다시 빠져나갈 수 없다고도 했다.

어장 따라 다르지만, 평균 총길이가 400여 미터 안팎에 높이 35미터 정도가 기준이란다. 자루그물의 입구 둘레가 8미터에 이르는 스테인리스 등 철강재 파이프를 원형모양으로 만들어 이채롭다고도 했다. 기존의 이각망이 지름도 작고, 재질도 플라스틱이었던 것에 비하면 완전히 새로운 형태의 그물. 이 그물로 갈아탄 어부들은 '특히, 수심 30미터에서 40미터쯤 되는 바다 밑바닥에 설치해놓고 조류의 흐름에 따라 그물 전체가 조정되니 고급 횟감 어획에 적당하단다.

한편, 여전히 전통식을 고집하고 있는 정치망 어부들에게 그나마 다행인 것은 바로 앞 바다에 나가 미리 쳐놓은 그물을 하루 한 두 차례 거두어 올리면 된다는 것과 풍랑주의보가 내려도 출어가 가능해 연중 조업을 할 수 있다는 정도겠다.

요즘 이런 정치망에 승선하는 어부들은 월급제다. 어획량에 상관없이 일정액의 월급을 받을 수 있다는 얘기다. 그런 수익 안정성 덕일까, 마을에 따라 장년을 넘어서 노년층 소리를 듣는 어부들도 승선을 하는 경우가 제법 많다는 것이다.

물론, 왕년의 정치망에서는 4대 6으로 분배되는 짓가름제로 운영되었었다. 어획물을 판장에 넘기고 받은 대금에서 출어경비부터 제하고 선주 6짓, 승선어부들이 4짓으로 나누는 것이다. 이를 다시 승선어부 수로 나누는데, 어로장은 조금 더 받았다며 귀띔한다.

두 번째 어장에 도착했을 때, 바다에는 일출이 시작되고 있었다. 종선이 앞으로 돌아가 '통안'에 두 척이 마주한 자세로 서면서 이어지는 양망. 어로장만 끌어올려지는 그물의 모양새를 보며 배를 조금씩 움직일 뿐, 나머지 열 명의 승선어부들은 오로지 양망에만 힘을 모은다.

망선 승선어부가 노를 빼놓으면 선장은 키를 정지시키고, 종선에 승선한 어부들은 양망기에 고리에 건다. 어느 정도까지는 도르래가 승선어부들을 대신해 양망하는 식이다. 30여분 뒤, 그렇게 끌어 올린 그물 속에는 다양한 횟감 어종이 보였다.

"일당이나 되겠어 이거?" 선장의 혼잣말이다. 한 시간 반의 조업 마무리는 그물을 제 자리로 다시 돌려놓는 일인데, 운반선 노릇까지 하는 모선은 뒤로 빠지고 종선에 승선한 어부들이 도맡고 나섰다.

한편, 남애항에서 정치망의 위판 순서는 앞자리다. 보통은 입항하는 즉시 위판을 진행해준다. 어획량 대부분이 활어인 겨울이면 자망바리·통발바리 등 이웃 어부들이 위판순서를 양보해 주는 것이다. 서울 대구 등 대도시 활어차가 판장 밖 주차장에서 바닷물을 채워놓고 대기하고 있다가 위판이 끝나는 즉시 바로 실어 내간다 했다.

대양호 어부들이 위판을 끝낸 시간은 고작 8시. 어획물을 낙찰한 이에게 넘겨주는 것까지가 승선어부들의 몫이다. 8시 반, 아침 식사도 제 각각 집에 가서 해결하는지, 대양호 어부들은 뒤 돌아볼 염도 없이 바로 돌아섰다.

물론 이게 끝이 아니다. 보름에 한 번 정도는 '뚝 털이'라 하여 바닷말이나 쩍 등이 달라붙은 그물을 새 그물로 교체하고 묵은 그물은 공터에 펼쳐 놓고 도리깨질로 달라붙은 갯것들을 떨어내주어야 한다는데, 이일 역시 보통 이상으로 힘이 든다. 해서 개발된 게 경운기를 이용한 뚝 털이다. 경운기 로터리에 고무도리깨를 달아 사람을 대신하니 한결 편해지긴 했단다.

남애 정치망 어부들에게 주 어기란 없는 것과 마찬가지. 연중 조업을 하니 휴어기란 없다. 게다가 철 따라 많이 드는 어종은 있을지언정 빈 그물로 귀항하는 일은 없기 때문이다. 하여 어장을 하는 이나 배를 타는 어부나 '월급 값 아깝다, 월급 값 못했다'는 생각은 하지 않는다 했다.

사람 손 대신하는 크레인, 가진항 '신형 정치망'

남애항 귀항 후 곧바로 고성군 가진항으로 올라갔다. 얻어들은 신형 정치망의 정체가 궁금해서다. 이튿날 새벽 4시, 정치망 어장에 물을 보러가는 가진항 선적 15톤 급 정치망 어선 운용호에 올랐다. 이 배에 함께 탄 이는 선주 겸 선장 홍대성 씨와 세 명의 승선어부가 전부. 전날 10여명의 어부들과 함께 나갔던 남애 정치망과 겉보기엔 다를 바 없어 보이는 크기의 어선이다. 그럼에도 정치망 어장에 나가는데, 달랑 배 한 척에 자 선장 포함 승선어부 네 명이 전부라니 하는 의구심부터 들었다. 20여분 만에 어장 도착했을 때, 출어 때 가졌던 궁금증은 바로 풀렸다. 운용호 정치망 어장은 이 네 명의 일손

가진항 신형 정치망 어부들의 크레인 양망

좌 신형 정치망이라 해도 어부들의 일손은 필요하다.
우 신형 정치망 어선은 한 척만 출어해서 단독 조업을 한다.

만으로도 충분한 상황이다.

운용호는 지난 97년 신형 정치망으로 교체했는데, 일손 부족 탓이었다. 홍 선장이 말하는 신형 정치망의 구조는 대양호 어로장이 일러준 것과 다를 바 없었으나, 조업 모습은 확연히 달랐다. 어장에 도착하기 바쁘게 홍 선장은 선수 쪽에 설치되어 있는 크레인 조정석에 앉아 그물 조종 레버를 잡았다. 이어 세 명의 승선어부들은 어망 모서리께 달라붙어 끌어올려진 어망에 설치되어 있는 밧줄을 배 좌현에 단단히 묶어 놓는다.

다음 작업은 뭍에서 보는 크레인 작업과 다를 바 없는 모습들. 한 어부가 홍 선장에게 손짓을 하자, 홍 선장은 능숙하게 레버를 조정해 크레인을 어느 높이까지 내려놓는다. 크레인이 어망 가까이 내려오면 그 고리를 이각망 고리줄에 걸어준다. 홍 선장은 크레인으로 고리를 위로 당겨 올리면서 그물에 달라붙은 어획물이 자루그물 끝에 모이도록 일정한 간격을 주면서 위 아래로 흔들어 줬다. 기존의 정치망 어부들처럼 기다란 장대로 그물을 내려치거나 하는 수고를 하지 않아도 되는 것이다.

"글쎄요, 자망바리나 통발바리 보다는 정치망이 오래 갈 것 같은데요? 일손이 없어 부부끼리 조업에 나서다가 형편의 여의치 않다고 혼자 바다에 나설 수는 없잖습니까?

낚시어선으로 바꾸거나 남의 배에 타야 하는 사정이 생기지 않겠습니까. 정치망은 다르지요. 현재 최소 인원만으로 바다에 나가지만, 조업 자체가 많이 힘든 것은 아니니까요."

홍 선장의 생각인데, 지금도 가진항에서는 정치망 타겠다는 장년층 이상 어부들 구인하기는 그리 어렵지 않다 했다.

둘레 8미터 여덟 마디로 되어있는 자루그물에는 한 단마다 스테인리스로 만든 고리테가 그물의 원통형 모양을 지탱해주고 있다는데, 그 한 마디마다 크레인을 걸어 맬 수 있는 고리가 달려있었다. 이렇게 여덟 개의 자루그물을 크레인으로 끌어올리면서 다시 한 번 털어 낸 그물은 크레인이 다시 바다에 되돌려 놓는다. 이 일을 몇 차례 반복하다가 이윽고 자루그물 끝을 들어 올리면 속에 든 어획물을 어창에 담는 일로 승선어부들의 선상작업은 끝이다.

신형 정치망 어선에 장착된 대형 크레인

이 새로운 형태의 정치망을 그이들은 '양원통식 이각망'이라 했다. 말 그대로 헛통 한 개에 두 개의 원통형 자루그물이 달려있는 형태다. 한 어장당 이 작업을 두 번씩 되풀이하면 된다는데, 이날 물을 본 어장은 모두해서 세 곳이다. 다섯 시경에 첫 어장에 도착해 작업을 시작한 뒤 7시 반쯤 가진항에 되돌아 왔으니 어로작업에 소요된 시간은 두 시간쯤 된다는 소리다.

네 명의 인원으로 세 개의 어장을 보는데 두 시간이 걸렸다면 누구나 고개를 갸우뚱할 일이지만 이런 일은 신형 정치망을 설치한 어장에서는 당연한 일로 여겨지는 것이다. 이날 그물에 든 어종은 우럭과 광어가 주를 이뤘다. 곧 바다에 북풍이 불기 시작하면 어획대상 어종이 오징어로 바뀌었다가 그마저 줄어든다 싶으면 바로 철망을 한다 했다.

정치망 어부들은 정초 혹은 어한기 때 날을 받아 어장 고사를 올리기도 한다. 경북

경북 영덕군 구계리 풍어제 중 정치망 숭어만선 귀항

죽변 봉께마을의 경우 삼년에 한 번씩 치르는 풍어굿 때면 '특별히' 정치망 어선과 어장에 대한 고사를 올려준다.

예나 지금이나 어장주는 주머니가 넉넉하니만큼 마을에서 입김 센 경우가 대부분이기 때문이다. 더불어 만선을 하면 마을사람들에게 드물게나마 떡 돌림처럼 생선을 돌리는 일도 드물지 않았던 것이다. 지난 2010년 10년 만에 풍어굿판이 마련된 경북 영덕군 노물동에서는 용왕굿이 치러지기에 앞서 마을 정치망 어부가 수천 마리의 숭어 대풍을 이뤄 화제가 되기도 했다. 그날 굿판 한쪽에 차려진 밥상마다 숭어회가 푸짐하게 올랐음은 물론이다.

삼척 장호 정치망
'어부사장님'들의 예금통장

"그물에 든 거라고는 바다 물 뿐일걸? 오늘도. 영 날을 잘 못 잡은 것 같소. 여름엔 뭐가 없거든…" 새벽 3시 40분, 장호항 정치망 어선들이 정박하고 있는 곳에서 만난 영진호 선장 김성광 씨가 인사를 대신 해 한 말인데, 그 때까지만 해도 '설마' 했었다. 경험상 조업선 따라 나가기 전에 한두 번 들은 말이 아니기 때문이다. "여름 휴어기나 마찬가

삼척 장호 정치망 어선어부들의 조업 전경

지라 해도 아무렴 정치망인데… 그것도 어획량 많기로 삼척과 임원까지 소문났다는 영진호인데"가 내 속내였다.

정치망 어선 영진호의 조업 선박은 모두 세 척. 동해안 다른 정치망이 축소일로에 있음에 비하면 별나다. 당연히 영진호 어부들은 출어 모습부터 다르다. 특이한 것은 또 있다. 세 척에 나누어 승선한 영진호 어부 열두 명 모두가 단순 어부가 아니라 '사장님들'이라는 것이다.

"협업이라 합디다. 본래는 영풍상사라 해서 동해안에 여러 틀의 정치망을 소유했던 업체가 있었죠. 그러다가 개인에게 넘어갔고, 우리가 협업으로 시작한 게 그럭저럭 한 십 오 년 되나 봅니다."

선장이자, 어부이자 사장님이기도 한 김 씨의 설명인데, 열두 명의 어부들이 십시일반 돈을 모았고 힘을 모아 시작한 일이라 했다. 인근 어촌에서 어획량 좋기로 소문나기 시작한 것도 협업시작 무렵이다. 당연한 일이겠지만, 너나없이 사장님이요, 너나없이 승선어부니 힘을 더 쏟았을 밖에.

장호항에서 30여분의 거리에 어장이 있다는 게 출어하면서 들은 말인데, 새벽 4시에 포구를 떠난 영진호가 어장에 도착한 시간은 정확히 4시 반이다.

"이게 참, 우리 남정네들의 근력과 경험이 필요한 일이죠. 힘만 있다고 되는 일도 아니고, 바닷일에 능숙해야 하거든요. 다행히 우리 열두 명 모두가 장호 토박이에 바다라면 팔뚝에 바람만 스쳐도 상황을 알 수 있을 정도거든요. 이래봬도 지난해 한 사람에 근 삼천 만원씩은 가져갔지요. 새벽 잠 모자란다는

상 귀항 중인 정치망 어선 위에서 해장술을 마시는 장호 어부들
하 장호항에 입항한 정치망 어선에서 부린 다양한 어종. 다랑어도 보인다.

것과 요즘처럼 여름흉어 때 도리질한다는 것만 빼놓고는 나무랄 데 없는 일이지요. 바로 앞 바다에 나가 미리 쳐놓은 그물을 하루 한 두 차례 거두어 올리면 된다는 것도 좋고, 웬만한 파도나 태풍이 없는 한 연중 나가 물을 볼 수 있으니 좋지요." 한 발로만 능숙하게 배를 몰아가던 김 씨의 설명이다.

이윽고 선속이 줄어드나 싶더니, 영진호 소속 세 척이 그물 주변으로 모여들기 시작한다. 어슴푸레 밝아오는 바다. 그 바다 위를 눈여겨보니 설치된 그물 꾸밈새가 여타 어촌과 다른 것도 아니다. 어장에 세 척이 나가던 한 척만으로 조업을 하던 회유성 어종을 주 어획 대상으로 하는 게 정치망 어장이니 인근 그물과 다를 바가 없을 터인데도 나는 혹시나 했었고….

풍어에 대한 꿈이 어디 영진호 어부들뿐일까만, 정치망 조업 자체가 여럿이 힘을 모으는 일이다 보니, 새벽마다 하품처럼 자연스럽게 나오는 말은 '고기 좀 들었을라나?'라는데, 그제나 어제처럼 첫 그물 속에 든 것은 바다 물이 대부분이요, 인사치레로 몇 십 마리의 오징어가 첫 그물의 전부였다.

두 번째 어장 역시 어종이며 어획량은 다르지 않았다. 이런 정도면 동승한 나는 괜히 승선어부들의 눈치만 보게 마련인데, 이물 쪽에 앉아 있던 이가 손짓으로 부른다. 이물 어창 나무뚜껑 위에는 이미 몇 마리 오징어와 물가자미가 먹기 좋게 손질이 되어있고, 되들이 소주까지 준비되어있다.

"집착해서 될 일도 아니고, 좇아서 될 일도 아닌 게 이 정치망 어업입디다만, 오늘은 그물이 너무 비었네요. 새벽 잠자리 털고 일어난 게 아까울 정도지요. 내일은 괜찮아지겠지라고 자위합니다. 지금쯤 고등어가 나야 할 땐데, 다른 어장 배들은 사정이 어떨라나?" 나에게 소주잔부터 건네며 하는 말이다. 뜨는 해를 마주한 그이의 표정이 어둡지만은 않아 그나마 다행이랄까.

"예부터 장호 정치망엔 오징어, 대구와 임연수어·방어·청어·고등어 등이 많이 들기로 유명했습니다. 유자망도 그렇지만, 삼척이다 동해다 해서 주변 사람들이 정치망으로 잡아내는 수산물을 선호했거든요. 아무래도 선도가 좋은 까닭이겠죠."

입항 갈무리를 하던 승선어부가 보태는 말이다. 그이 역시 요즘 같은 흉어는 처음이라 했고, 판장에 오른 수산물의 양이 사실임을 대변해준다. 정치망 어선에 이어 자망 어선들의 입항이 시작되고, 위판장은 다소 활기를 띠는 듯하나, 이도 잠시다. 장호포구는 이내 그물 정리하느라 바쁜 손길을 놀리는 어부와 아낙네들의 몸짓만 남는다.

비싼 멸치 잡는다, 남녘바다 정치망 어부들

'상품上品 멸치'만 잡는다고 자부하는 정치망 어부들도 있다.

"도시사람들이 아는 가장 비싼 멸치는 죽방렴 멸치겠지요? 좀 더 관심이 있는 도시 아낙네라면 명절 때마다 매스컴의 이목을 집중시키는 '키토산멸치'나 '콘드로이친상어연골 추출 물질 멸치'를 떠올릴 겁니다. 하지만, 키토산이나 상어연골 추출 물질을 입혔다는 게 비싼 이유의 전부가 아닙니다. 가공업체에 넘어가 그런 고급 브랜드로 거듭나기 전에 이미 우리가 잡아낸 멸치를 제 값에 넘기기 때문이지요." 다른 멸치에 비해 훨씬 고가로 판매된다는 멸치를 잡아낸다는 경남정치망 어부의 자부심이요, 죽방멸과 질에서는 키재기를 하고 양에서는 한 발 앞서는 게 경남정치망 멸치잡이라는 주장도 잊지 않는다.

좌 경남 정치망 어부들이 입항후 멸치를 갈무리하고 있다.
우 멸치를 주 어획 대상으로 하는 경남정치망 어부들의 조업현장

잡아낸 멸치가 많다.

앞 바다에서 마치 저금해둔 돈 찾아 쓰듯이 조업을 하는 게 경남정치망 어법이다. 지금이사 모든 경남정치망을 통틀어 대중소로만 분류하지만, 한 시절에는 대부망이며 대모망, 낙망 등등 다양한 규모와 다양한 모양새의 그물이 바다 속에 드리워져 있었다.

요즘 경남정치망 어구는 대부분 길그물장등과 통그물로 이뤄지는 게 예사다. 알려져 있다시피 길그물은 해안으로부터 바깥 바다 쪽으로 길게 뻗어나간 그물로 멸치 등 어획 대상 어군의 통로를 자연스럽게 차단하면서 그 바깥쪽 끝에 설치된 통그물로 유도하는 역할을 한다. 이런 길그물 길이도 몇 백 미터에서 길게는 수 킬로미터에 이르는 대형까지 있다.

한편, 통그물은 다시 헛통과 원통의 두 부분으로 구성되는데, 그 경계에 '비탈그물 등망(登網)'이라하여 경사진 그물을 설치, 헛통에 들어간 멸치 떼가 비탈그물을 타고 일단 원통혹은 까래그물으로 들어가면 되돌아 나올 수 없게 꾸며 놓았다는 설명이다.

"무리를 이룬 멸치 떼가 자연스럽게 회유하다가 해류와 직각을 이루게 설치한 길그물을 만나 회유로를 차단당하면서 방향을 트는 겁니다. 곧장 헛통으로 유도되는데, 바닷물이 흐르는 쪽으로 설치된 헛통에 들어가서도 갇힌 줄 모르고 계속 유영을 하는 거지요. 그 넓이가 넓을수록 회유공간이 넓으니 신선도를 유지할 수 있다는 얘깁니다. 물때가 바뀌면서 비탈그물을 타고 원통으로 들어갈 무렵 우리가 가서 거두어 올리는 겁니다. 듣는 것보다 현장에서 보시는 게 낫겠습니다." 경남정치망 어부 출신으로 멸치어

그물 속에 멸치를 가둔 경남 정치망 어부들의 양망 준비

장을 꾸려가는 김대성 씨의 설명이다.

어장까지는 불과 5분 남짓한 거리. 조업 선박에 승선하고 있는 어부들은 길그물부터 살피며 원통을 향해 천천히 배를 몰아간다. 그물의 이상 유무를 살피기 위함인데, 길그물은 그물코가 커서 웬만큼 힘 있는 고기라면 능히 빠져나갈 만한 정도다. 헛통 부근에 다다르자, 이물 쪽에 섰던 어부가 갈고리를 그물이 물려있는 밧줄에 건다.

얽음장 까래그물을 올리며 다가가 그물 사이가 좁아질수록 수면 위로 떠오르는 것은 육지 쓰레기 무더기. 승선어부들은 마음 급한 중에도 족대를 동원해 이 쓰레기부터 완전히 거둬 이물 쪽에 올린다. 바다에 버려봐야 다시 그물 안에 들거나 아니면 다른 어장을 상하게 할 게 뻔하니 조업 때마다 이 성가신 일부터 처리한다 했다.

다음 차례는 동해안에 비해 특이한 '걸름망 작업'으로 일단 그물코부터 헛통의 고기받이와는 크기가 달랐다. 훨씬 큰 것이어서 멸치는 한 마리도 보이지 않고 잡어 열댓 마리만 펄떡인다. 잡어라 했지만, 눈여겨보니 갯장어에 갑오징어도 보이는데, 승선어부들은 뜰채로 건져 올린 잡어들을 미련 없이 방류한다.

"승선어부들은 멸치 외에는 관심도 없습니다. 뒤섞여 잡히는 어종의 양도 많지 않지만, 우린 멸치만 잡아도 됩니다. 나머지 치어를 포함한 잡어는 좀 더 자란 뒤에 다른 어선 어부들에게 잡히겠지요." 김 씨의 설명인데, 바로 이런 생각이 비싼 멸치만큼이나 수산계의 주목을 끌고 있는 것이다.

"아무래도 연안에는 큰 고기에 쫓겨 온 치어가 많고, 이를 보호하면 결국 큰 고기가 되어 돌아오는 것은 당연한 이치 아닙니까? 누가 합시다 해서 하는 게 아닙니다. 승선어부 스스로 참여했고, 또 실천하고 있는 것이지요. 밖에서는 이런 자발적 참여가 처음 있는 일이라 합디다." 승선어부의 설명인데, 멸치 떼와 뒤섞여 다른 어종이 많이 든다고 할 수는 없지만, 어찌하였든 멸치 외에는 모두 방류하자는 데 의견을 모았고 이를 실천을 하고 있다니 대단하다 할 밖에. 조업 중 방류하는 일은 생각처럼 쉬운 게 아니어서 더욱 그러한데, 우선 조업시간이 길어지기 때문이다. '비싼 멸치'로 판매하자면 자숙 전의 선도가 우선이다.

멸치 어획을 끝내고 포구에 도착하자마자 승선어부들의 몸짓은 더욱 날래진다. 당

질 좋은 건멸치를 만들어내기 위해 입항 즉시 자숙작업을 거친다.

연히 여전히 싱싱할 때 자숙, 잘 건조해낸 멸치라야 비싼 값을 받고 팔수가 있기 때문이다. 자숙·건조장까리의 거리라야 불과 500미터 안팎이지만, 어부들은 컨테이너에 담긴 멸치를 곧바로 트럭에 실어 자숙장으로 옮기는 세심함을 보인다.

자숙장에는 이미 물이 끓고 있는 상태다. 다시 한 번 잡어를 추려내고는 적당량의 소금과 함께 멸치 자숙에 들어가는데 일손을 보태는 어부가 어쩐지 낯설다. 중국에서 온 어부라 했다. 대부분의 소대망 등 정치망 어부들의 평균 연령은 50대 이상이고 그나마의 일손도 드물어 몇 년 전부터 외국인 어부들의 신세를 지고 있단다.

"본래 이 정치망 어업이란 게 다른 갯일에 비해 힘이 덜 든다고 볼 수 있지요. 노동 강도가 약하다는 얘깁니다. 어느 바다에서건 정치망 어부들의 나이가 그중 많다고 해도 그리 틀린 말이 아닐 겁니다만, 그나마 일손이 딸리니 동남아에서 건너온 저 사람들을 가르쳐서 일손을 맞추고 있습니다." 김 씨의 설명은 동해안 정치망 어부들과 다르지 않다. 노동 강도뿐만 아니라 식구들처럼 대해주니 기한을 채우고도 미련을 갖는 외국인 어부가 많다 했다.

조업에서 자숙까지 일손을 보탠 끝에 오전 11시가 되어서야 어장막의 첫 작업이 마무리되었고, 식당으로 모여든다.

"저녁끼니까지 여기서 해결합니다. 말 맞다나 식구食口죠. 이제 아침 식사가 끝나면 자숙했던 멸치에서 물이 얼추 빠질 터이고, 그러면 곧장 건조에 들어가야 합니다. 멸치는 포장이 끝날 때까지가 시간과의 싸움이나 마찬가지죠. 성어기 때는 하루 너 댓 차례 이 일을 반복합니다. 크게 근육 쓸 일은 없지만 일단 조업에 들어서면 길게 쉴 틈은 없습니다."

경남정치망 어부들은 오전 조업 때나 오후 조업 때나 쉴 틈이 없는 듯했다. 다만, 건조가 끝난 멸치를 가운데 두고 둘러앉아 상처가 많거나, 제 모양새가 아닌 멸치를 골라내는 작업 때가 그나마 한가해 보였다.

포장까지 끝낸 소대망 멸치는 경남정치망수협의 위판을 거쳐 누가 채가는 지도 모르게 서울로 올라간다. 당시 값어치로 치면 40만원 꼴 되는 중간 크기의 멸치인데, 죽방멸 만큼이나 서민들이 맛보기는 어려운 금액이다.

"골프멸치라고도 합니다. 골프장 드나드는 이들이 주머니에 한 주먹씩 넣고 다니며 기력 떨어질 때 먹는 다고해서 그리 불린다지요. 그냥 가지런히 골라 백화점에 내기도 하고 다른 공정을 거쳐 하늘 높은 줄 모르는 금액에 팔려나가는 모양입니다만, 우린 이걸로 끝이지요. 비싼 멸치 말고 '값진 멸치'로 불리면서 서민들도 먹을 양이 잡히면 좋겠습니다." 김 씨 뿐만 아니라, 경남정치망 어부들의 한결같은 바람이겠다.

채반에 받쳐 자연건조 중인 정치망 멸치

겨울

11

대구

어판장에 대물이 넘치는 겨울
외포어부들의 대구잡이

추웠다. 1월 중순의 거제 장목면 외포항은. 체감온도 영하 10도를 밑도는데도 불구하고 판장주변의 새벽기운은 열기에 넘친다. 연이은 풍어 덕에 어깨에 힘이 잔뜩 들어간 외포어부들이 예순 여섯 척의 어선에 나눠 타고 진해만을 향해 나간다.

 그런 어부들이 승선한 어선의 엔진 소리에까지 잔뜩 힘이 들어있는 듯하니 2004년 1월의 일이다. 구십 년대 중반까지 그 어획량이 줄어들면서 온갖 매스컴에서 '황금대구'라 불리며 콧대를 치켜세웠던 진해만 대구. 그 비싼 대구 떼가 진해만으로 되돌아온 덕에 외포항에서 출어하는 어선들마다 만선기를 달고 있다 했다.

 해마다 12월부터 2월 하순까지 대구파시를 이루었다는 곳이 거제 외포항이다. 지난 70년대 말까지만 해도 이 지역 어부들은 설 차례 상에는 대구탕을 올렸고, 어려운 이웃이 있으면 대구 대가리며 내장까지 빽빽하게 넣은 떡국을 넉넉하게 끓여 돌렸다던가. 80년대 초부터 어촌을 찾아가기 시작한 내 입장에서는 그 장면을 보지 못했음이 못내 아쉽다.

 거슬러 올라가면, 이미 고려시대부터 포구 앞 바다며 진해만에서 잡힌 대구를 진상하여 유명세를 타기 시작했다는 게 외포항의 역사기록이라던가. 이때부터 '거제대구'라는 이름으로 어물전의 인기를 독차지해왔으되, 어획량이 형편없이 줄어든 뒤에는 비

한겨울 거제바다에서 잡혀 판장에 널린 대구

꼬는 심사^{心思}가 다소 포함된 듯 느껴지는 명칭 '황금대구'라든가 '바다의 귀족'으로 불리기 시작했다. 더불어 고가의 생선으로 분류 되면서 주머니 가벼운 서민들 곁에서 멀어져 가던 대물 생선이 바로 대구다.

그렇다면 70년대 '청바지에 통기타' 시절에 친구들과 맥주안주로 먹었던 대구포 정체는 뭐란 말인가. 당연히 국산 대구가 아니다. 일찍이 이런저런 사연 많았던 수입산 대구를 국내에서 가공해 저자에 푼 것이다.

그 대표적인 사연은 대구귀족과 대구전쟁이다. 스페인 등 외국에서는 황금대구라든지 바다의 귀족이란 나름 애교스런 말 대신 '대구귀족'이란 말이 생겨났을 정도로 대구가 많이 잡혔다. 이미 14세기에 '대구전쟁 Cod War'까지 일어났을 정도인데, 대구를 잡아 떼돈을 번 스페인 바스크 사람들을 일컫는 말이 바로 대구귀족이란다.

1970년대에는 아이슬란드가 제 나라 바다에 들어와 대구를 휩쓸어가듯 하던 영국에 200해리를 선포했다. 영국의 콧방귀에 양국 간에 함선포격전으로까지 이어졌었다가 어렵사리 어업협정이 이뤄지면서 전쟁분위기가 가라앉았다. 이 대구전쟁으로 하여 국제적으로 '200해리 어업권'이 통용되기 시작했다는 얘기다. 입 큰놈답게 사건과 소문까지 부록처럼 몰고 다니는 놈이다.

대구바다의 황금물결

투쟁적이기까지 한 외국 바다에 비해 대구를 잡아내는 거제바다며 진해만은 오로지 청정해역일 뿐이다. 추위가 기승을 부리는 새벽, 에프알피^{FRP} 어선 영진호 어부들과 함께 이런 청정해역이자 대구 호망 조업 현장인 외포항 앞 바다로 나갔다. 작은 어선, 마주쳐 오는 바람을 피할 곳이 마땅찮다. 바람으로부터 등을 돌린 채 웅크리고 앉았으되 노출된 얼굴이 얼음에 대고 있는 듯 차다. 그렇게 30분을 달려 대구어장에 닿았다. 정치성 구획어업에 드는 대구호망들이 곳곳에 깔려있는 진해만 바다다. 출렁대는 바다 위

대구잡이 호망을 깔아둔 어장에 도착한 어부들이 그물을 올리고 있다.

에서 영진호의 선속을 최대한 줄인 전용돈 선장은 단 한 명뿐인 승선어부와 함께 호망 그물을 거두어들이기 시작한다.

호망壺網은 조류를 따라 몰려온 어류가 자연스레 유도되어 들어오도록 하는 길그물과 포위망, 그물 끄트머리 세 곳에 길그물을 따라 들어온 어류가 마지막으로 걸려드는 원추형 자루그물 등 전체가 세 부분으로 구성된 어구다. 주로 만灣 등 조류가 강한 바다에 드리워놓고 연안회유 생선을 잡아내는데, 대물로 불리는 대구라도 이 그물에 걸려들면 꼼짝 못하고 잡혀 올라와야 하는 것이다.

첫 그물, 영진호 갑판 위로 끌어올려진 그물 속에는 큼직한 대구 대신 십 수 마리의 아귀가 오글오글 들어있다. 아직 몇 틀의 호망이 남아있으니, 실망하기엔 이르다는 전 선장이다.

이어진 두 번째 양망, 그물이 수면 위로 올려졌다. 일출을 받아 황금빛이 도는 거대

대구 등이 든 호망그물을 이물에 쏟아붓는 어부들

한 대구 한 마리가 모습을 드러낸다. 반가움에 연신 셔터를 누른다. 체장 1미터쯤, 턱 아래 달린 수염도 유난히 길쭉하다. "열 살 넘겠는데…" 숙달된 어부라면 생선의 겉모습만 보고도 몇 년 묵은 놈인지 능히 알아챈다.

힘 좋은 대구는 갑판 위에서도 여전히 펄떡대며 용을 쓰다가는 승선어부 방한화에 힘겹게 떠밀려 어창 속으로 떨어진다. 네 번째 양망, 전 선장과 노어부가 힘을 몰아 쓴 지 한 시간쯤 지나서 이날 조업은 끝났고, 영진호는 곧 거제시 외포항을 향해 뱃머리를 치켜세웠다.

대구 위판장은 거제 외포항 끄트머리에 들어있다. 바다 쪽에는 대구호망 어선들이, 뭍에는 부산·마산이며, 대구에 서울까지 외지 번호판을 단 수십 대의 활어운반 차량들이 북새통을 이루고 있다.

경매를 알리는 종소리가 울리자 중매인들이 대구를 중심으로 둘러선다. 활어수조며 바닥까지 판장을 온통 차지했던 수백 마리의 대구는 두 시간 여 만에 모두 팔려나간다. 1,000마리에서 많게는 2,500마리까지 판장에 올랐다는 1월초에 비하자면 다소 섭섭한 위판량이랄까. 그러나 설을 앞두고 한참 오른 경매가격은 그런 섭섭함을 달래주기에 충분하다.

여기저기서 '대구 좋다'는 소리가 들린다. 이날 최고 자리를 차지한 놈은 영진호의 대물大物, 노어부의 방한화에 떠밀렸던 바로 그 놈이다. 위판거래장에 체장 95센티미터의 '대大대구' 경매가 33만원으로 기록되었다.

그러구러 2010년 1월, 남쪽바다 진해만에 황금물결이 일고 있다는 소식에 다시 한 번 엉덩이가 들썩였다. 대구가 돌아온 바다를 또 한 번 보고 싶었음이다. 만 6년만의 조우를 기대하며 행복한 고민까지 해야 했다. 거제 장목면 외포바다와 서부산 용원바다 중에 어디를 선택할까 하는 고민이다. 결국 중순께부터 대구 어획량이 승승장구의 기세를 올리고 있다는 거제 장목 외포리로 정하고 심야버스에 몸을 실었다.

새벽 4시 거제 고현 도착, 택시 환승 5시 외포항에 도착했으되 아뿔싸! 본래 섭외한 어선이 엔진고장이란다. 천신만고 끝에 막 출발하려던 경덕호에 우격다짐하다피시 올라탔다. 선장의 손짓에 볼멘소리 하는 승선어부들의 눈치를 피해 선실 구석으로 들어갔다.

좌 잡아낸 대구를 판장으로 옮기는 어부들
우 거제도 인근, 부산 가덕도 어부들이 잡아낸 대구를 용원항에 올리고 있다.

    선장은 '연이은 대구풍어에 쉴 틈 없는 조업으로 잠이 모자란 승선어부들의 신경이 여간 날카로운 게 아니라' 했다. 나 나름 선내에 있는 듯 없는 듯 몸가짐에 주의를 했다. 선실에 내 한 몸 들어갈 공간이 있다는 게 참으로 다행이었다.
    40여분쯤 달렸을까, 엔진이 멈췄다. 파도 따라 일렁대는 선체는 일엽편주에 다름 아니다. 몸 가누기 어려울 정도의 심한 파도다. 그런 선상에서도 어부들은 몸을 재게 놀리며 선수 쪽에 자리를 잡는다. 대구호망이 곳곳에 깔려있는 진해만 대구어장에서 자신들이 드리운 그물 위치를 확인한 승선어부들은 호망그물 양망준비에 들어갔다. 이정도 체감온도면 목장갑에 고무장갑까지 겹으로 꼈다 해도 찬바람과 바닷물로 하여 손이 금세 곱아올 것이다.
    대구가 제대로 잡히자면 진해만 수온이 15도 이하로 내려가야 한다니 지금이 딱 제철이다. "올 대구 어황은 더 두고 봐야 합니다. 판장 바닥에 깔린 대구상자가 몇 층씩 쌓인 채 길게 늘어서서 우리 스스로 대구 대풍大豊이라 말했었던 작년 이맘께와 비한다면 어획량이 많이 줄은 거거든요."
    선수에 섰던 어부가 갈고리를 들어 날랜 몸짓으로 길그물과 연결된 부표를 걸어 올리자, 양망기를 잡은 선장의 설명이다. 이런 사정은 같은 진해만을 사이에 두고 대구를 잡아내는 가덕어부들도 마찬가지겠다.

나나 승선어부들이나 긴장 속에 올린 첫 양망. 역시 대구는 쉽게 얼굴을 보여주지 않는다. 경덕호 갑판 위로 끌어올려진 자루그물 속에는 십 수 마리의 아귀와 물메기^{곰치} 몇 마리까지 얌전히 들어앉아 있었으나 대구는 한 마리도 보이지 않는다.

"억지춘향 격으로 우겨서 냉큼 올라탄 박엣 사람까지 있으니, 인사치레는 해야 '에헴!' 할 텐데. 어창에 넣기조차 미안한 숫자네."

승선 때 조업에 방해된다며 눈치를 주던 나이 지긋한 승선어부가 계면 쩍은 듯 나에게 하는 말이다.

정돈이 끝난 대구 경매가 이뤄지고 있다.

다시 두 번째 양망. 그물이 수면 위로 올려졌다. 일출을 받아 황금빛이 도는, 웬만한 크기의 대구 댓 마리가 모습을 드러낸다. 다행이다. 그중 살진 듯 보이는 80센티미터 정도의 대구는 유별나게 조심히 다루면서 어창에 담는 모습이 이색적이어서 눈에 띈다. 인공산란을 위한 암컷이라 했다. 역시 모양새가 달라 보인다. 금빛 햇살을 받은 푸른 등이 황금인 듯 반짝거렸고, 알을 품어 공을 삼킨 듯 볼록한 배가 돋보이는 듯하다. 약 800만 마리의 알을 쏟아낼 귀한 몸이기도 한데, 그 둔한 몸으로도 여전히 힘이 넘친 듯 펄떡인다.

여섯 번째 양망까지 걸린 시간은 세 시간 반 정도. 6년 전에 비하자면 두 시간이 더 소요된 셈이다. 아직 거둬들여야 할 그물이 바다에 남아 있으나, 선장은 양망을 포기했다. 출어 때에 비해 파도가 형편없이 거칠어졌기 때문이다. 승선어부들의 불만 가득한 눈길을 외면한 선장이 뱃머리를 돌렸다.

강원도 주문진 도루묵잡이 자망에 걸려든 실한 대구 한 마리

한편, 대구는 거제 외포항 말고도 같은 진해만에 드는 서西부산 가덕바다에서도 적지 않은 양이 잡혀 올라온다. 경상남도는 '이런 대구 자원회복이 지속적으로 추진해온 인공수정란과 부화된 자어子魚 방류사업의 효과라고 판단하고 방류사업을 계속하는 한편 방류해역도 거제 외포지역에서 마산 진해 통영 남해 등지로 확대하고 있다'고 밝혔다. 해마다 어획량의 차이는 들쭉날쭉 하지만, 이제 우리 바다의 대구 생산량은 어느 정도 안전궤도에 진입했다는 것이다.

경덕호 노어부가 배 위에서 나에게 손짓한다. 위판장에 대구 등 어획물을 부려놓은 뒤다.

"대구 회 한 점 하라구. 이 걸 맛봐야 대구 구경 제대로 했다고 할 수 있거든."

작은 놈이 있어 선장이 '서울촌놈' 맛보여주라 했단다. 대구 회 자체도 맛보기 힘들지만, 대구는 모든 부위를 회로 먹을 수 있는 게 아니라 했다. 육질이 연하고 흰 살 생

1	2
3	4

1 대구 명산지로의 위치를 굳힌 거제 외포항 아낙네들이 대구를 손질하고 있다.
2 대구아가미젓으로 가공될 부위
3 대구탕 등에 별미로 들어가는 이리
4 건대구로도 많이 팔려나간다.

선답게 맛도 싱겁기 때문이다. '비교적 지방질이 많아 녹진한 뱃살'과, '비교적 탄력 있는 꼬리부위'를 썰어놓았다 했다. 살만 고추장에 찍어 먹으면 더도 덜도 없이 그저 시원한 맛이다. 노어부를 곁눈질 하며 따라해 본다. 김 위에 묵은지, 묵은지 위에 고추장 찍은 대구회 한 점을 얹어 먹는 식인데, 시원한 맛에 더해 깊은 맛까지 난다.

덕장에 널린 대구

'거제에는 대구生大口만 있다'. 거제사람들이 대구라 하면 생물을 이르는 말이다. 냉동대구는 거제에서 먼 뭍의 이야기일 뿐이라 했다. 제각각 입맛이 다르니 뭐라 할 바는 아니지만, 대량 어획되는 바다를 앞에 두고도 소금에 절인 대구를 두고 '맛있다'를 연발하는 유럽인들이 안타깝다던가.

"설 선물로는 이놈이 최고 아닝교. 바다를 떠도느라 고향부모님 자주 찾아뵙지 못하다가 정초에 잘 말린 놈 두어 마리 들고 떡하니 대문 들어가면 분위기가 대끼리 좋아지거든예."

곁에 있던 젊은 어부의 말인데, 그러려니 싶었다.

한편, 겨울 외포항 곳곳엔 대구덕장도 들어선다. 꾸들꾸들 말린 대구만 찾는 마니아가 많기 때문이다. 한 달 이상 말려놓았다가 쭉쭉 찢어놓으면 술안주로 따라 올 것이 없다던가. 하여 덕장 주변에서는 아낙네들이 건조하기 위해 대구 손질하는 모습을 자주 볼 수 있다. 그 큼직한 대가리부터 쪼개고 배를 갈라 이리, 간이며 내장 등을 취하는 것을 보니 수컷이다. 이리는 수컷 뱃속에 든 정소요, 곤이는 암컷 몸속에 든 알집을 이르는 말이란다. 아가미젓과 창난젓이 특히 인기라 했는데, 어쨌든지 대구는 버릴 게 없는 생선임에 틀림없다.

이리 알뜰살뜰 먹을거리를 제공해주는 대구가 남해안에서만 나는 것은 아니다. 우리 바다에서 고루 잡힌다. 강원 주문진 자망에 걸린 대구와도 안면을 텄고, 삼척 임원항에서 승선했던 자망바리는 대구잡이 전문 어선이었으되, 그물에 걸려 올라오는 대구마다 배가 홀쭉했다. 암컷 뱃속에 알이 들어차지 않았던 것이다. 알배기 대구는 오직 겨울철 진해만 일대에서만 잡혀 올라오는 것이다.

대구 낳는 외포바다

한편, 대구호망 어부들이나 경매사만큼이나 바쁜 몸짓을 보이는 이들도 있으니 거제수산기술관리소 지도사다. 대구의 인공산란과 수정에서 부화 방류에 이르는 전 과정을 책임지고 있음에 낯빛은 초조해 보이기까지 한다. 이들에게는 큼직한 대구보다 뱃속 잔뜩 알을 품은 대구가 더 반갑게 여겨질 터. 그런 대구를 찾아내느라 입항하는 배마다 쫓아다니며 눈대중을 한다. 귀

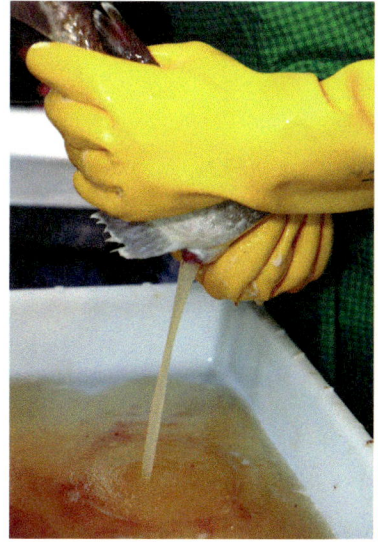

좌 암컷에게서 신선한 알을 받아내고 있다.
우 산란된 알에 수컷의 정자를 방출시키고 있다.

좌 알과 정자를 혼합시킨다.
우 부화를 위해 수중 해조류 위에 방류된 대구 수정란

항 어부들 역시 산란 직전이라 여겨지는 대구를 잡으면 산란을 막기위해 복부부터 꿰맨 뒤에 입항 속도를 올린다. 판장에서 기다리는 지도사들에게 알배기 대구를 넘겨주고야 위판 갈무리를 할 정도로 공조체제가 잘 유지되고 있다는 얘기다.

"거제 중에서도 외포바다가 대구의 대명사처럼 된 이유는 이 바다가 해류를 따라 회유하는 대구의 산란장 역할을 하고 있기 때문이죠. 여기서 산란을 했다가 오호츠크해海를 거쳐 성장, 다시 이 바다로 되돌아올 즈음에는 부화 후 이미 3년 이상 세월이 지난 겁니다. 체장 50센티미터에서 크게는 90센티미터의 대물 대구로 성장한 거죠."

지도사의 설명인데, 본래는 알배기 대구의 산란기인 1월 한 달 동안은 대구를 잡아낼 수 없게 되어있지만 외포 앞 바다 등 진해만 일정구역에 한해 포획이 허용되고 있다고 덧붙인다. 물론, 대구 인공수정란 방류사업을 위한 일이겠다.

어렵게나마 매년 지속적으로 대구수정란 방류사업을 실시해 온 결과는 확연한 어획량 증가로 나타난다던가. 당시 대구가 예년보다 1주일가량 빠르게 잡혀 올라왔고, 무엇보다 그 어획량에 있어 80년대 이후 최고 기록을 예상하고 있다고도 했다.

어부들이 급히 가져온 산란 직전의 암 대구와 성숙상태가 좋은 수컷은 지도사의 손

강원도 양양군 남애항 선적 정치망 어부들이 부려놓은 대구

에 넘겨져 강제산란과 인공수정에 들어간다. 짝을 맞춘 암컷 수컷 대구의 체장과 체고 며 무게 등 기본측정에 이뤄지는 강제산란은 어미의 복부를 눌러 산란 판에 알을 받는 것이 먼저다. 그 위에 수컷의 복부를 압박, 정액을 뿌리고 장갑 낀 손으로 부드럽게 저어 수정을 시켜야 한다.

이렇게 수정이 끝난 알은 망사에 받아놓고 세란洗卵과정을 거치는데, 자칫 정자가 넘쳐나면 돌연변이를 일으키거나 알의 부착상태가 나빠질 수 있기 때문이라 했다. 이 과정까지 거친 수정란은 미리 마련한 팜사palm사(絲)에 직접 뿌려 부착시키거나 수정란을 담은 대형용기에 담가 부착시킬 때도 있다.

수정란이 붙은 팜사는 곧 어선에 실려 외포항 방파제 바깥 바다로 옮겨진다. 수온에 따라 다르지만, 대략 10일에서 길어야 보름정도가 지나면 부화되어 대구 치어가 되

강문풍어제에서 건대구를 놀리며 풍어를 기원하는 강릉단오제 박순여 이수자

어 유영한다는 설명이다.

　몇 년 전까지는 수정란을 해조류가 몰려있는 수중에 방류했었다. 이후, 수정란을 팜사에 붙여 수하식으로 하면 약 70퍼센트의 수정비율을 얻을 수 있다는 연구결과로 팜사에 붙여 방류하는 것. 이렇게 글로 써놓고 보면 그렇겠거니 하지만, 촌각을 다퉈야 하는 지도사나 대구잡이 어부들에게는 더 없이 숨 가쁜 시간들이겠다.

겨울

12

청어 · 참가자미

자망바리, 부창부수夫唱婦隨

서른두 번째의 겨울바다에서 참가자미를 잡다

뭍에 봄기운이 완연하다 해도 경북 새벽포구는 여전히 한겨울이었다. 날씨마저 궂어 빗방울까지 간간이 휘날린다. 어장을 향해 전속으로 항진하는 자망바리 어선 삼원호에서 마주치는 바람은 매섭다. 여전히 날 세우고 있는 칼바람이다. 어장깃발을 찾기 위해 선실 밖으로 나온 하춘남 씨의 얼굴이 새파랗게 얼었다. 3월 초순의 새벽 6시, 삼원호 부부가 삼십 이년 째 바다 위에서 함께 맞이하는 겨울 일출이 뱃머리 위로 떠올랐다.

본래는 경북 감포의 새로운 어촌관광자원으로 떠오르는 주상절리대 촬영차 방문했던 길이었다. 다양한 모양새로 서있거나 누워있는 주상절리대 촬영을 마치고 내려오던 중에 막 귀항한 어선 앞에 멈춰섰다. 먼저 눈에 든 것은 선체에 붙어있던 큼직한 마크였으니 흔히 앵커 anchor 라 불리는 해병대의 상징이었다. 기수를 셈해보고 수인사에 이어 담배를

새벽 6시면 출어하는 삼원호

부부끼리 출어하는 삼원호 우현으로 일출이 시작되고 있다.

나눠피워 말문을 텄다. 그 다음에 눈에 든 게 성성한 청어가 반쯤 얽혀있는 자망이어서 촬영 욕심이 났다. 이튿날의 조업에 받았으니 특유의 해병대의리 덕이다.

딱 바다가 주는 만큼만
거둬온 세월

부인이자 선주인 하춘남 씨가 선체 오른쪽에서 뱃머리를 넘어오는 파도를 피하고 있다. 어장까지는 전속 30분 안팎의 거리라 했다. 본래는 김 선장만의 단독조업. 풀리지 않는 날씨 탓에 부인 하 씨가 물질을 시작하지 않은 터여서 보탬이 될까 해서 함께 나왔다 했다. 감포에서 금실 좋기로 유명하다는 부부답다. 첫 인연이 궁금해 졌다.

강원도 횡성 산골짝을 벗어난 일이 없던 스무 살 총각이 잠깐 나들이 다녀온 바다에 필이 꽂혔다던가. 곧바로 해병대 초급간부로 지원, 체질이 맞음에 시쳇말로 말뚝을 박았다니 74년의 일이라 했다.

밤낮없이 해안을 경비하는 분초장 분대단위 지휘자으로 첫 파견된 마을이 감포 어촌 나아마을이었다. 당시 물질을 하던 처녀해녀 하춘남 씨 고향 집인 읍천마을 바로 옆이다.

"대원들 이끌고 대민봉사 나왔던 저이와 처음 인연을 맺었어요. 뭐가 급한지 이듬해 바로 혼인식을 올렸습니다. 저 양반이 81년 중사 예편할 때까지 맨 바닷가로만 다녔죠 뭐. 백령도·연평도·김포·포항까지."

하 씨의 말인데, 팔각모 각 세우기와 세무워커 등등 바다생활 대신 해병대 이야기만 줄줄이 이어지다가 '큰 딸을 낳으면서 한 곳에 정착했으면 좋겠어서…'는 말부터 겨우 어촌이야기로 되돌아온다.

여전히 바다를 좋아했으니, 기왕이면 이런저런 추억이 남아있는 처가동네에 정착키로 마음을 모았다. 군 생활 때 박봉에 고생께나 시켰으니 '이젠 좀 쉽게 가자'는 생각에서 잠깐 식당을 해보기도 했었다던가. 헌데, 식당일이란 게 만만찮을 뿐 아니라, 마음속에서 뭔가가 허전하더란다.

김 선장은 남의 배를 타고, 하 씨는 다시 물질을 시작했다. 타고난 부지런함과 직업군인 시절의 근검절약이 몸에 배있던 터라 곧 목돈을 손에 쥘 수 있었다. 그 이년 뒤에 1.54톤짜리 자망바리 어선을 마련했고, 한눈팔지 않고 살다보니 어느새 이만큼 배가 키워져 있더란다. 3년 전에 무은 3.27톤 연안자망 삼원호는 이제 부부의 가장 큰 재산이다.

선속이 줄어들자 하 씨가 이물 쪽으로 나섰다. 오랜만의 승선임에도 그이가 능숙한 솜씨로 어장 깃발을 거둬 올리자 어느새 양망기 곁에 걸터앉아 모릿줄을 올리

바다 속으로 풀려들어가는 그물

좌 어장기를 걷어 올리면서 양망이 시작된다.
우 그물에 얽힌 참가자미

는 김 선장. 어탐기에는 90미터 이하로 표시되는 수심이다.

부부는 이 바다 속에 100발정도의 자망을 깔아두었다. 자망 한 발 길이는 80~90미터 길이, 폭은 4미터 안팎인데, 이런 그물에 회유성 어종인 청어와 정착성 어종인 참가자미까지 걸려든다는 설명이다.

모릿줄이 다 올라오고 자망이 보이기 시작한다. 드물게나마 돌가자미도 걸려들고 물가자미도 그물에 올라오지만, 김 선장 부부가 좋아라하는 것은 참가자미라 했다. 경북 대표 어종이자 금이 좋기에 그렇다는 것이다. 참가자미와 아귀는 연중 잡혀 올라오고, 오징어와 가을 쥐치도 계절 잊지 않고 찾아들었다가 김 선장 그물에 얽혀 올라온다던가.

반면, 내 욕심으로는 '청어가 줄줄이 걸려 올라오면 얼마나 좋겠는가'였다.

'눈 본 대구, 비 본 청어'라는 말이 있으니 대구는 겨울 눈 내릴 때, 청어는 비 내리

좌 그물에 얽힌 참가자미 한 마리를 건져올리는 순간
우 그물에 걸린 어획물 중 참가자미만 부인에게 넘겨준다.

는 봄날에 많이 잡힌다는 얘기다. 청어 과메기와 연결해보면 서해안에서 나온 속담이지 싶다. 동해 어부들 그물에는 겨울철에 이물 넘칠 정도로 잡혀 올라와야 과메기 만들 요량을 할 것 아닌가.

그런 중에 그물 곳곳이 황청색으로 반짝인다. 그리 고대하던 청어가 몇 마리씩 올라오면서 내는 빛이다. 청색 빛깔이 빛남에 붙은 공식명칭이 청어靑魚다. 길이가 30센티미터 가깝다. '맛 좋기는 청어, 많이 먹기는 명태'라 할 때의 그 청어다. 고소하고 담백한 맛을 지닌 청어. 그 대단한 어획량 덕에 그 옛날의 가난한 서민들은 물론, 청빈한 선비도 즐겨먹을 수 있음에 '선비를 살지게 한다'는 뜻의 비유어 肥孺漁라고도 불렀다던가.

그런 청어를 탈망하는 하 씨의 손길을 건너다보던 김 선장이 한 마디 한다.

"허, 이 바다 좀 보소. 손님 생각만 해서 '눈검쟁이'만 내줬지, 우리 부부 생각은 당최 해주시지를 않네."

'눈검쟁이'는 경북 어부들끼리 통하는 청어의 별명이다. 삼원호 부부뿐만 아니라, 감포 어부들로부터 제 대접을 받지 못하는 눈검쟁이는 요즘 탈망작업 때 성가시기만한 물고기로 여겨져 눈총이나 받는다 했다. 예전처럼 청어과메기 엮는 집이 별로 없으니, 잘해야 냉동되었다가 광어 등 양식어류 생사료로나 쓰이는 정도이기 때문이다. 청어 어획량이 주춤하는 사이에 과메기자리를 꽁치에게 빼앗긴 이유도 있겠고.

고급횟감 줄가자미도 잡혔다.

사실, 부부의 이런저런 청어 지칭구는 그냥 시늉뿐이다. 이들은 지금껏 욕심 부려가며 조업한 적이 없다는 게 이웃 어부들의 전언이다. 그물을 100발만 깔아둔 것도 그냥저냥 살만한데, 굳이 욕심 부릴 필요가 없다는 생각에서라 했다.

딱 바다가 주는 만큼만 거둬온 세월이 삼십 이년 째인 것이다.

다행이랄까 양망기에 걸려 올라오는 두 번째 그물에 처음 걸려온 것은 참가자미였다. 40센티쯤 되어 보이는 튼실한 놈들이다. 이물 공간 적당한 데 툭툭 던져지던 청어와는 대접에 차이가 난다. 김 선장이 참가자미가 얽혀있는 그물을 건네주면 재빠른 손길로 참가자미만 분리해 어창에 넣는 탈망작업은 하 씨 담당이다.

때가 때인지라, 대구도 올라오고 병어도 얼굴을 비치면서 하 씨의 손길이 더욱 빨라진다.

김 선장이 양망기를 멈추면 청어가 올라온다는 암묵적인 표시다. 잇달아 여러 마리

읍천항에 입항한 삼원호 부부가 선도가 좋은
활어부터 넘기기 위해 갈무리하고 있다.

가 올라오니 무게가 제법 나가는 것이다. 폐(廢)통발도 올라온다. 요즘 우리 바다엔 조업 중에 혹은 태풍 등 악천후로 인해 유실된 어구들 중 이런 폐통발이 유난히 많이 걸려 올라온다. 해저에서 이리저리 굴러다니더라도 출구가 막혀 있으니 잘못 들어갔던 물고기들은 그 안에서 생을 마감해야 한다. 잡는 어부는 없는데 잡히는 물고기는 제법 많으니, 해양생태계 전반을 위협하면서 언제부턴가 '유령어업幽靈漁業'이라 불리기 시작했다.

어느덧 양망 끝. 시계를 보니 11시를 넘어서고 있다. 갈무리 해 고물에 실어놓았던 그물을 투망하면 일단 조업 끝이란다. 이리저리 배를 몰아가며 어탐기를 살피던 김 선장이 주변에서 조업하는 이웃 어부들과의 교신 끝에 다시 본래의 어장으로 투망가닥을 잡는다. 아무래도 지금 위치가 나을듯하다는 얘기다.

검푸른 바다 속으로 어장깃발이 들어가고 자망이 줄줄이 풀리면서 빠져들기 시작했다.

요즘 청어는 헐값이고, 참가자미는 없어 팔지 못한다더니 실제로도 그랬다. 귀항 전부터 김 선장과 하 씨의 핸드폰이 연달아 울려대더니 삼원호가 막 닿은 포구에는 벌써 횟집 안주인 몇 명이 마중을 나와 있었다.

"어획량이라기엔 미안한데 이거. 그래도 두 집이 나누시지?" 엄살이 아니고 실제 잡은 참가자미 양이 얼마 되지 않는다는 말에도 기 싸움 하듯 버티고 있는 횟집 주인 둘

한겨울이면 청어와 참가자미가 한 그물에 얽혀 올라오기도 한다.

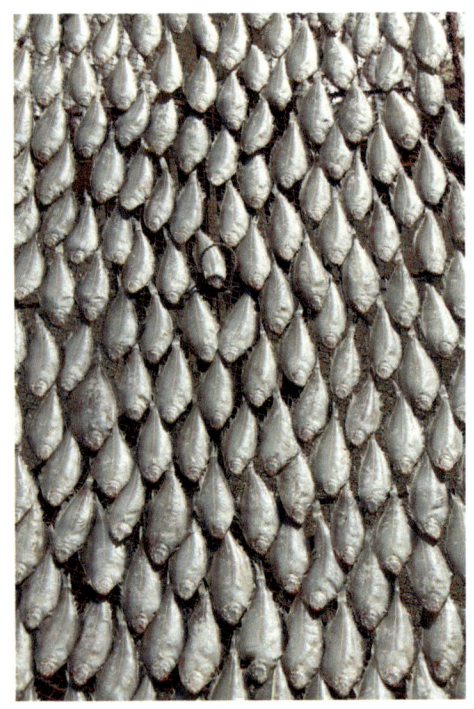
건조대에 널린 가자미

에게 김 선장이 미안한 표정으로 하는 말이다.

요즘 엇가는 킬로그램 당 일만 이천 원. 어창에서 올려 저울에 재본 무게는 참가자미 18킬로그램에 대구 여섯 마리 그리고 병어 등 잡어 몇 마리가 전부였기에 괜히 미안한 마음이 든다는 얘기다. 횟집 안주인들 역시 청어는 본척만척한다. 사전 약속이 되어있던 할머니 한 분이 그물에 달라붙어 청어를 떼어내기 시작했다.

번듯하고 큼직한 놈으로 몇 마리 챙긴 부인 하 씨가 '담배 한 대 피고 천천히' 집으로 오라며 걸음을 서두른다. 늦은 아침이나마 함께 먹자면서다.

해병대 선배로 돌아온 김 선장과 포항 얘기, 백령도 얘기를 하며 담배 한 대씩 피우고 집에 들어서니 고소한 냄새가 반긴다. 굵은소금 뿌려진 동해청어와 참가자미가 연탄화덕에서 고소하게 구워지는 중이다. 외지로 나간 자녀들이 연탄생선구이를 좋아해 상비해 놓고 있다던 연탄화덕이다. 상에는 하 씨가 직접 담갔다는 청어젓과 청어알젓도 올라있어 내 식탐을 자극하고 있었다.

이튿날엔 김 선장과 나만 나갔다. 바다가 사납다며 부인의 동승조업을 극구 말린다. 이런 날씨엔 그물에 걸린 고기도 많지 않다면서다. 바다 위에서 익힌 그의 육감은 정확했다. 어장에 도착할 무렵 바람이 거세지고, 물너울이 일면서 김 선장의 양망 일손을 더디게 한다. 전날과는 그가 쓴 모자만 달라졌을 뿐, 어획량이나 잡히는 물고기가 엇비슷했다.

청어 엮자,
청어 풀자

이런 청어는 어획량이 들쭉날쭉하다. 동해에서 많이 나다가, 어느 해엔 서해에서 많이 나고. 이듬해엔 주춤하다가를 해가 바뀌면 다시 풍어를 이루기도 한다. 꽁치에 과메기 자리를 빼앗긴 이유도 연년이 대량 어획되는 꽁치에 비해 해마다 생산량이 들쭉날쭉 했기 때문이란다.

동해안 갯마을에서는 골매기당에 줄줄이 걸린 청어 보기가 어렵지 않다. 예전부터 청어를 골매기제사상에 올려왔으니 옛 법대로 하는 것이다. 만일 마을 앞바다에서 청어가 나지 않으면 이웃 어촌에서라도 구해와 올리는 게 예사다. 골매기당 뿐만 아니다. 동짓달이면 선조를 모신 사당에도 청어를 올리는 풍습이 여전하다던가. '동짓달에 잡히는 알배기 청어가 가문에 자손번영과 함께 부를 가져 온다'고 믿어왔음이리라.

그물에서 청어를 풀어내고 있다.

좌 단독조업에 나선 김선장이 청어 그물을 내렸다. 선박표시 아래 해병대 앙카가 붙어있다.
우 그물에 얽힌 청어가 올라온다.

    청어 역시 꽁치처럼 어부들이 드리워 놓은 그물에 알을 슬기도 한다. 80년대 중반, 포항에서 정치망 어선에 동승키로 한 겨울 새벽에 충격적인 장면과 마주한 적이 있다. 그 무렵만 해도 '어부하면 술고래'라는 말이 먼저 떠오를 정도로 술을 많이 마셨으며, 선상 음주는 생활화 되어 있었다할 정도다. 됫병 크기 소주 몇 병씩은 선수품인 듯 선실 한쪽에 상시 갖춰놓았던 시절 얘기다.

    새벽잠 없는 노老어부가 먼저 포구로 나와 있었다. 선실로 들어간 그이는 됫병소주를 찾아들고 나왔다. 이미 반 쯤 비워진 소주병이다. 흔히 '개밥그릇'이라 부르던 양은 대접에 소주를 들이붓더니 한 입에 털어 넣고는 다시 대접을 채워 내게 내민다. 주변에 안주라고는 보이지 않는다.

    세상에나! 입맛을 다신 노어부는 방수포로 덮어놓은 그물 한쪽을 열어 제치고 그물 몇 올을 들더니 앞니로 잘근잘근 씹어대기 시작했다. 보망해야할 정치망 그물인데 숫하게 많은 청어 알이 그물 실에 붙어있었던 것이다.

    나 역시 개밥그릇 그득 담긴 소주를 후딱 마시고, 노어부를 따라 그물 몇 올을 겹치

좌 삼원호는 그리 크지않은 어선인데 단독조업을 하니 휑해보인다.
우 그물에 얽힌 청어를 풀어내느라 양망을 중단했다.

고 씹어봤다. 더없이 훌륭한 안주다. 겨울이니 양망 후 곧바로 얼어붙었을 터요, 입술에 닿으면서부터 살살 녹는다. 그 순간만큼은 바다 건너온 철갑상어알젓 따위는 전혀 부럽지 않은 안주가 되어주었다.

사실 내 입맛에는 과메기도 청어과메기가 맞다. 그냥 청어만 초고추장에 찍어 먹어도 좋고, 생미역이나 배추에 먹음직스레 싸먹어도 좋다. 꽁치과메기에 비해 점잖은 맛이랄까. 살도 넉넉하고 과메기 특유의 비린내도 훨씬 덜한 듯하다. 그럼에도 요즘 도시 사람들은 꽁치과메기만 찾는다 했다.

감포는 이웃 어촌 포항과 함께 청어가 많이 나던 본향으로 유명했었다. 요즘이야 청어과메기가 드물다 해도 예전에는 꽁치과메기를 '물로 봤을 정도'란다. 김 선장 말인데, 이는 『도문대작屠門大嚼』비웃관련 항목에도 등장하는 사연이다.

"…경주 근해에서는 2월에 잡히고 맛이 극히 좋다. 예전에는 천한 물고기더니 고려 말년에는 쌀 한 되에 마흔 마리와 맞바꾸는…" 하는.

"옛날, 청어가 많이 날 때면 집집 부엌 창마다 죄 청어를 걸어두고 먹었죠. 겨울부터 봄까지 밑반찬에 과메기만한 게 없었어요."

갈매기도 청어를 노린다.

하 씨의 추억담인데, 최초의 우리말 조리법 기록인 『음식디미방』에도 과메기 제조방법 중 일부분이 등장한다. "말린 고기를 오래 두려면 연기를 띄어 말려야 고기에 벌레가 나지 않는다"는 내용이다. 감포 아낙네들은 '냉훈법'이라는 가공방법의 명칭은 몰라도 의미하는 사실만은 진즉부터 알고 있었던 것이다.

이렇게 특정지역에서 다양한 방법으로 가공되는 어류는 그 지역 바다에서 많이 잡히기 때문이리라. 우리에게 청어과메기가 있다면, 스웨덴에는 수르스트뢰밍 surströmming이라는 청어를 재료로 한 전통음식이 있다. 특히 북부 스웨덴에서는 발트 해의 명물로 대접받으며 연년이 유명세를 치를 정도다. 우리에게는 한 방송프로그램에서 별난 통조림으로 소개되어 출연자들이 고약한 냄새 탓에 기겁하는 연기를 하는 통에 알려지기도 했다. 이후 우리 남도의 삭힌 홍어, 캄보디아 민물생선젓갈 쁘러혹 Prahok과 대적할 정도의 악취음식이라며 비교가 되기도 했다.

소금으로 간을 맞춘 청어를 멸균이나 열처리 과정도 거치지 않고 두어 달간 발효시킨 뒤에 통조림으로 제조한 것이 수르스트뢰밍이다. 당연히 통조림가공 후에도 발효가 진행되는 만큼 뚜껑을 여는 순간 터져 나오듯 풍겨대는 특유의 냄새 탓에 집안 보다는 주로 야외에서 먹는 게 상식이란다.

네덜란드 어촌의 전통음식 중에는 청어젓의 일종이라 할 '더치 헤링 dutch herrings'도 있

상 탈망하는 김 선장 옆으로 청어가 줄줄이 올라온다.

중 읍천항에 입항한 삼원호에서 청어를 선별하는 동네 아낙네

하 위판시간에 맞추느라 읍천항까지 전속 항진한다.

다. 와인·식초·양파·소금 등으로 만든 소스에 청어를 넣고 냉장고에서 1주일 안팎으로 숙성시킨 전통음식이라는 게 수산학자 윤덕현 박사의 설명이다. 네덜란드 사람들은 이를 빵에 끼워 먹기도 하고 잘게 썬 양파와 함께 먹기도 한다는데 그 맛이 참으로 궁금하다.

한편, 우리 청어는 예부터 동해산과 서해산으로 구분했다. 심지어 허균은 청어산지를 네 권역으로 분류하기도 했으니 저서 『성소부부고惺所覆瓿藁』에서다.

"북도산 청어는 크고 속이 희다. 경상도산은 껍질은 검고 속은 붉다. 전라도산은 조금 작으며 해주 에서 잡은 것은 2월에 맛이 극히 좋다"는 등의 상세한 설명까지 담고 있어 이채롭다.

청어로 얼말린 청어과메기

이밖에도 여러 고서에서는 동해청어·서해청어 식으로 해역으로 구분하기도 하고, 전라도 지방에서는 민속놀이에도 등장한다. 강강술래 중 여자들이 손과 손을 잡고 청어를 엮듯이 엮었다 풀었다 하는 동작을 반복하는 '청어 엮자와 청어 풀기'다. 한 줄에 잇대어 달아서 묶은 모양을 비유하는 표현인 '비웃 두름 엮듯이'에서 비롯된 몸짓이겠다. 비웃 역시 예로부터 청어를 이르는 말이다.

겨울

13

대게

판장에 펼쳐놓은 붉은 꽃
왕돌초 영덕대게 대對 왕돌짬 울진대게

차유마을, 동해호 최 씨 삼부자의 영덕대게 조업일지

1990년 12월, 영덕군 축산면 차유마을의 새벽 2시 반이다. 보통사람이라면 새벽이라기보다는 한밤중이라 해야 할 시간. 그러나 차유마을은 이미 집집마다 불을 밝혀놓았고, 포구로 가는 골목길에도 가로등 빛이 환했다. 지난 11월 9일부터 어선어부들의 출어 시간이 새벽 3시로 1시간 앞당겨진 때문이다. 2시 반이면 당연히 온 마을 어부들이 이미 깨어있을 시간인 것이다.

섬뜩하게 날을 세운 한겨울 바람에 몸을 움츠리며 골목길을 따라 내려온 마을 어부들은 저마다 허연 입김을 내뿜으며 출어를 서두른다. 새벽 3시, 각

영덕대게마을로 유명한 차유마을포구의 새벽 2시

어선 선등마다 불이 밝혀지면서 엔진 시동소리가 포구와 마을 앞 바다까지 깨우기 시작했다.

2.09톤짜리 대게잡이 목선 동해호에도 시동이 걸리는가 싶더니 곧장 모릿줄이 풀린다. 그렇다고, 경북의 다른 포구마냥 선속을 올리며 모양 좋게 포구를 벗어나는 게 아니었다. 동해호 선장 최구환 씨가 배에 시동을 걸었음에도 두영 씨가 고물 쪽에서 바다 속에 긴 장대를 밀어 넣고 힘을 쓰고 있었다. 두영 씨는 선장 최 씨의 큰 아들이다.

본디 포구 안쪽에 있던 수중암반에 파도에 떠밀려온 모래까지 차오른 탓에 배 밑창이 모래 턱에 올라앉는 게 예사다. 번거롭더라도 어느 깊이만큼은 이렇게 배를 달래면서 나가야 안심할 수 있게 된 것이다. 모래 턱에서 내려서자 지체를 만회하려는 듯 동해호 엔진 소리가 한결 높아졌다.

왕돌초의 겨울 선물, 영덕대게

차유마을은 영덕대게 원조마을이다. 행정상으로는 경정2리, 그런 영덕대게마을에서도 대게를 잘 잡아내기로 소문이 난 동해호 최 씨 삼부자의 겨울 조업해역까지는 뱃길 40분의 거리다. 그물을 내려둔 해역은 수심 깊은 왕돌초礁 안쪽 바다라 했다.

"크다는 뜻의 왕, 땅과 들에 나지막한 산을 의미하는 달㺚에 '짬'은 바다 속으로 잠길 듯 말 듯 하는 암초를 뜻한다지요. 우리들은 이를 합해서 왕달짬이라거나 혹은 왕돌짬·왕돌잠이라고도 부른답니다. 이런 왕돌초는 영덕뿐만 아니라, 울진 등 경북어부들은 저금통이나 한가로 여긴다지요. 왕돌초에서는 그만큼 다양한 어종이 어부들의 그물에 넉넉하게 잡힌다는 얘깁니다."

한반도 동쪽 해안선을 끼고 남으로 그 맥을 뻗어 내리는 백두대간 등허리 어디께와 바다 속에서 나란히 마주하고 있다는 수중산맥이 바로 왕돌초다. 그 면적만 사방 팔십 리, 여의도 면적의 열 배나 된다는 왕돌잠에는 울진 쪽으로부터 '샛잠·중간잠·맞잠' 등

차유마을 동해호 삼부자의 대게잡이

세 개의 봉우리가 솟아있다던가. 이중 '중간잠'의 수심이 가장 낮은 5미터 안팎 정도라 했다. 뭍과 견준다면 그저 그런 산에 지나지 않을는지 모른다. 그러나 물 반, 고기 반의 어장 노릇을 톡톡히 해주는 덕에 경북 어부들의 바닷살이가 웬만해지니 저금통 아닌가.

경력 35년의 소문난 영덕대게잡이 어부이자, 경정2리 어촌계장이기도 한 최구환 씨가 들려준 그 유명한 왕돌초에 대한 설명이다. 최 씨는 이 설명을 하면서도 한 손에는 랜턴을 켜들고 전방을 비추면서 주시하고 한편, 박달나무로 연결한 방향키는 양다리로만 다루며 능숙하게 배를 몰아가고 있었다.

동해호 만한 크기의 목선에서 흔히 볼 수 있는 우리 어부들의 모습이다. 반면, 조그마한 배 안에서 맞부는 칼바람과 뱃전에 부딪치면서 잘게 부서져 날아오는 파도를 피하랴, 무엇보다도 롤링과 피칭을 거듭하며 빠르게 꼴랑거리는 배 위에서 중심을 잡느라 두 다리로 버티고 두 손으로 배의 이곳저곳을 옮겨 잡으면서도 제 한 몸을 지탱하지

좌 아침 위판시간에 맞추기 위해 손을 재게 놀리는 삼부자
우 잡아내면서 탈망까지 동시에 해야하니 일손이 바쁘다.

못하는 게 내 상황이었으니 참으로 대단한 몸놀림 아닌가. 그럼에도 "오늘은 날씨가 참 좋은 편"이라는 게 최 씨의 말이고 보면, 그네들의 한겨울 바다생활 그림이 그려진다.

파도에 옷이 완전히 젖었다고 느껴질 무렵 동해호의 선속이 서서히 줄었다. 족히 한 시간은 넘어선 시간인 듯한데, 시간을 보니 출어 후 45분이 지났을 뿐이다. 이리 저리 랜턴을 비추어보던 최 씨가 자신의 그물을 찾은 듯 배를 멈추고 이물 쪽 롤러 옆에 앉으면서 본격적인 양망이 시작된다. 오늘 새벽 조업은 자망 한 틀의 양망이라니 작업량이 많은 것은 아니구나 싶었는데, 폭 3미터에 길이가 700~800미터쯤이 자망 한 틀이라는 설명에 생각이 바뀐다. 이런 그물이 영덕대게를 노리고 수심 170미터 안팎의 바다 속에 깔려 있다는 애기다.

혹한과 파도 속, 동해호 삼부자의 조업 모습은 이랬다. 큰아들 두영 씨가 뱃전에 설치된 앞 롤러에서 감겨 올라오는 그물을 살피고, 최 씨가 선측의 롤러에 감겨오는 그물을 이물에 가지런히 쌓아놓으면, 둘째 아들 문영 씨가 그물에 얽힌 영덕대게를 떼어내는 식으로 역할 분담이 확실하게 되어있었다. 2.09톤의 목선이라도 대게잡이에 필요한 일손은 최소한 세 명은 되어야 한다는 애기다.

처음에는 대게가 그물코에 꿰어져 올라올 때마다 소리를 질러 알려주던 두영 씨나 문영 씨에게 넘겨줄 것도 없이 자신이 맡은 롤러에서 대게를 바로 바로 떼어내던 최 씨의 몸짓에는 여유가 있어 보였다. 어획량이 그리 많지 않았음이다. 그러나 곧바로 알려주고 말 것도 없이 그물코마다 대게가 꿰어져 올라왔고, 이때부터는 그런 여유가 없어졌다.

가장 바빠진 이는 막내 문영 씨다. 이물에 쌓여만 가는 그물에서 대게를 그냥 떼어내면 되는 게 아니라, 각장 9센티미터 이하의 수게와 '빵게'로 불리는 암게는 올라오는 족족 재빨리 떼어내 바다로 되돌려 보내야 했기 때문이다.

한 시간이나 지났을까, 그물 한 틀의 양망이 끝났으나 바로 귀항하는 게 아니었다. 이때부터 삼부자는 모두 이물에 쌓인 그물에 달라붙어 대게를 떼어내는 일에 매달려야 했다.

"요 조그만 배에서 파도에 이리저리 흔들리면서 해야 하는 이 일이 보통이 아닙니다. 어자원의 보호 차원에서 포구에 들어가기 전에 바다에서 모든 탈망을 끝내야 하는데… 큰 항구에서는 '시범적'으로 탈망작업장이 설치되어 있어 일단 입항한 뒤에 한다지만, 우리는 그럴 여유가 없거든요." 최 씨가 손을 재게 움직이면서 하는 말이었다.

그렇게 다시 한 시간 쯤 지났을까, 어느 정도 작업이 끝났는지 선장 역할로 돌아온 최 씨가 동해호에 시동을 건다. 물론, 두 아들은 귀항하는 내낸 여전히 탈망작업에 매달려야 했다.

새벽 6시 반, 차유 포구에는 이미 탈망을 마치고 귀항해 보망 작업을 하는 이들이 적지 않았고, 포구 밖에서는 여전히 탈망 작업 중인 어선들이 파도에 흔들거리고 있었다. 동해호 삼부자의 이날 어획량은 4컨테이너에서 조금 모자란 양이다. 양력 2, 3월 같으면 그래도 돈이 될 터인데, 아직은 '물게'인 까닭에 그 값이 덜하다 했다.

"6월 1일부터 10월말 촬영당시의 금어기까지로 정해진 금어기가 풀리는 11월부터는 영덕대게잡이가 본격적으로 시작됩니다만, 이듬해 1월말까지는 '홑게 실제로는 껍질을 벗고 살을 채우기 시작하는 무렵의 암게를 이르나 그 무렵의 대게를 총칭하기도 한다'거나 '물게'가 대부분이지요. 우리 말로 물게란 속살이 덜 들어차고, 게장^{내장}도 적어 영덕대게다운 맛이 나지 않는 놈이라는 말입니다."

최 씨는 "이때는 제 값을 받기 어려우며, 실제로 맛이 드는 때는 양력 2월에서 3월까지라야 어부들은 제 값을 받고, 소비자들도 다리에는 빈틈이 없이 살이 들어차고, 껍질 속에는 게장이 한가득 들어있는 영덕대게를 맛 볼 수 있다"고 귀뜸한다.

포구까지 잘 살려온 대게를 집안에 마련해 둔 간이 수조에 옮겨놓고는 이번에는 최 씨의 부인까지 매달려 보망 작업에 들어간다. 이 모습은 어느 배나 한결 같다. 부인이 새벽밥을 짓고 나왔으되, 보망과 또 한 번의 투망작업까지 끝나야 늦은 아침밥을 먹는다던가.

대게자망 한 틀은 세 번쯤 물을 보면 살^{실(그물코)}을 손봐주어야 한다. 바다가 사나워서 물보기를 며칠 거르면 그물이 엉망이 되기 때문이다. 파도에 밀리며 그물끼리 엇갈려 쓸리는 경우도 있지만, 대게란 놈들이 제 몸 옭아맨 그물을 벗어나 보려고 그 날카로운 집게발로 이곳저곳을 끊어놓기 때문이다. 그물 살만 갈자면 한 틀에 3만 4,000원이나, 별^줄과 '하바^추'까지 교체한다면 6만원 돈 정도다. 만만치 않은 가격인데, 어선 한 척에 평균 일곱 틀은 깔아두었으니, 태풍이 불거나 며칠간 계속해서 센바람이 몰아치면 50만원 날리기가 예사란다. 보망을 마친 동해호와 20척의 차유마을 어선들은 해가 막 떠오를 무렵 다시 바다로 나간다. 투망을 하기 위해서인데, 포구를 벗어나던 동해호 죽도 방향으로 뱃머리를 잡는다. 영덕에서도 자유마을과 함께 대게의 본향이라 알려진 곳이 죽도. 대게의 다른 이름 죽해^{竹蟹} 할 때의 죽자가 이 섬에서 나왔다는 얘기인데, 지금은 연륙되어 등대가 솟아있다.

영덕대게 원조마을의 박달대게

"고려 29대 충목왕 2년^{1345년}에 초대 정방필^{鄭邦弼} 영해부사가 부임, 관할 지역 순시에 나섰다가 대게의 산지인 우리 마을을 들르게 되었다지요. 그때 부사 일행이 수레를 타고

롤러에 대게 한마리가 올라오고 있다.

고개를 넘어왔다 하여 수레 차車 넘을 유踰자를 써서 차유車踰마을이라 불리게 되었다는 얘깁니다." 최구환 씨와 함께 오른 포구 앞동산에는 영덕군에서 세운 '영덕대게 원조마을'임을 알리는 비와 설명문이 붙어 있었다.

이 원조마을에서 나는 대게가 영덕대게란 고유명사를 얻은 것은 수랏상에 처음 오르면서부터라는 게 영덕 사람들의 생각인데, 최구환 씨가 전설처럼 전해오는 이야기에 자신의 생각까지 보탠 설명은 이랬다.

조선 초 어느 임금이 수랏상에 처음 진상된 이 대게를 체면 불구하고 맛있게 발라 먹었다. 그 모습을 본 신하가 임금의 체모에 맞지 않다 지레 생각하여 그 뒤부터는 진상을 하지 못하게 했다.

어느 날, 게 맛이 생각난 임금이 대게를 상에 올리도록 했는데, 신하들이 대게의 생산지가 어디인지 몰라 전전긍긍했다던가. 임금의 재촉에 신하 몇이 대게를 찾아 수개월을 떠돌게 되었다. 그 어느 날, 신하는 오늘의 영덕군 축산항 죽도에서 한 어부가 잡아온 대게를 발견했다. 어부에게 그 이름을 물으니 알 수 없다하여 즉석에서 언기彦基라 명했다. 이를 궁궐로 가져온 그 신하가 학자들에게 발견 장소를 소상히 말하고 죽竹자를 넣어 이름을 지으라고 했다. 헌데, 나온 이름들이 범상치 않았다. 죽침언기어竹針彦基魚라거나 죽육촌어竹六寸魚·죽육촌침해어竹六寸針蟹魚·죽육촌기해어竹六寸基蟹魚 등등 복잡한 이름들만 제시되었다는 얘기다. 대나무 섬에서 발견되었다 하여 죽竹자에 그 마디가 여섯 개라 하여 육촌六寸이요, 크고 이상한 벌레라는 뜻의 언기彦基고, 해蟹는 집게발이 두 개이고 다리가 여덟 개이며 내장이 없는 희귀한 벌레라는 뜻풀이가 된다던가.

자칫하면 우리는 복잡한 이름의 벌레를 맛있게 먹어대는 이상한 사람들이 될 뻔했다. 다행히 이를 다시 축소해 죽해^{竹蟹}로 공식 명명되었다는 얘기다. 다리가 여섯 마디로 되어 있어 육촌이라고 부르는 것은 맞으나, 죽^{竹}은 죽도라는 뜻이 아니고, 다리가 대나무 모양과 비슷하다고 하여 죽촌^{竹寸} 또는 죽육촌^{竹六寸}이라 불렸다는 게 최 씨의 주장이다.

그이는 "다 책에 나와 있는 말이고, 차유사람이라면 누구나 아는 이야기"라며, '어쨌거나 지금은 대게라는 이름이 몸집이 크다 하여 붙은 이름이 아니고, 몸통에서 뻗어나간 8개의 다리가 대나무처럼 곧다 하여 붙여진 이름이라는 게 나라 안에 널리 알려진 얘기 아니냐'고 반문한다.

더불어 최씨는 "대게가 나는 마을마다 이런 저런 이야기도 많고 무슨 대게니 무슨 대게니 주장도 많지만, 차유 마을에서 잡힌 영덕대게는 다른 곳의 대게보다 특히 다리가 길고, 속살이 꽉 들어차 야무질 뿐만 아니라, 그 맛이 담백하고 쫄깃쫄깃한 맛이 별나서 차유가 영덕대게 원조마을로 지정'이 되었다"며 자랑이 대단했다.

어쨌든지 이런 차유 마을은 지난 94년 영덕군에 의해 '영덕대게 원조마을'로 지정되었고, 그를 기리는 비를 세워 영덕대게의 생산과 소비를 장려하고 있다 했다.

한편, 영덕대게는 요즘 제 맛이 들어 미식가들이 가장 맛있어 할 때고, 잡아낸 어민들의 입장에서는 끔을 제대로 받는 게 이른바 박달게다. 살이 꽉 들어차 껍질을 눌러보면 박달나무처럼 단단하다 해서 붙인 대게의 별명이다. 나이 열다섯 살 안팎, 껍질 속에 95퍼센트 정도의 살집이 들어차있어

위판을 마치면 그물정리까지 해야 하루 작업이 마무리된다.

위판장에 깔린 영덕대게

야 박달게로 구분되어 강구판장에서 완장을 찰 수가 있다는 것이다.

처음에는 이 노란완장이 영덕군에서 '품질을 보증한다'는 표시였으되, 군대에서의 비표^{秘標}처럼 해마다 완장색이 달라진다. 북한산 등 수입산 대게들이 강구 저잣거리까지 침범해 대게시장을 혼탁하게 하니 수입대게로부터 어부와 소비자를 보호하기 위해 고심 끝에 마련한 방편이겠다.

"예전엔 대게 등딱지에 돋은 흑점^{난낭(卵囊)}을 보고 쉽게 구분했는데, 요즘엔 러시아산에서도 이런 흑점이 있는 놈들이 간혹 섞여있고, 사할린에서 잡은 대게는 영덕대게와 생김새까지 많이 비슷하지요." 판장 경매사의 얘긴데, 사정이 이러하다 보니 영덕대게 맛보자고 관광버스를 대절해 왔다가 아차 하면 수입산 대게를 먹고 가는 경우도 있을 터, 소비자 입장에서는 참으로 난감할 수밖에 없겠다.

그럴듯한 식별법도 있다. 박달게가 완장을 차기전의 얘기인데, 대게 등껍질에 살짝 난 홈집으로 식별을 하면 된다는 것이다. 영덕대게는 뭍에 오르는 순간부터 식탁에 올라 사람 입에 들어가기까지 장맛 유지를 위해 뒤집어 놓는 게 예사다. 판장 바닥과 솥단지 안

영덕 강구수협위판장 대게위판 준비

에서 버둥거리다가 올록볼록한 등껍질 튀어나온 곳이 쓸려 홈집이 나고 이게 식별의 중요 요소가 된다는 얘기였다. 이런 박달게는 2~3월사이라야 보기 어렵지 않다는 말도 들었다. 서울 등 대도시로 갈 것도 없이 모두 영덕군 안에서 소비되는 정도라던가.

영덕 대게잡이 어부들의 구별법에는 반물게^{수대게}·물게란 것도 들어있다. 박달게와는 반대로 살 대신 물이 많은 게 물게요, 그 반반 쯤 되는 놈이 반물게라 했으니 본향답게 다양한 구별법 아닌가. 간혹 대도시 골목길에 트럭을 세워놓고 영덕대게란 이름으로 파는 것도 물게 혹은 붉은대게가 대부분이라니 눈여겨보고 구매할 일이다.

'너도대게'란 특이한 놈도 수족관 안에 들어있다. 대게도 아니요, 홍게 아닌 어중간한 모양새로 어민들은 대게와 홍게의 교잡종이라 여긴다. 색깔도 대게와 홍게의 중간이라 여기면 된다는데, 어부들의 눈에는 청색으로 보이는지 다른 이름은 '청게'다. 그사는 바다도 영덕대게와는 달리 600~700미터의 깊은 바다에서 주로 잡힌다 했다. 이런 '너도대게'는 영덕대게에 비해 맛 자체가 싱거운 편이라는데, 법적으로 영덕대게를 잡을 수 없는 6월부터 11월 사이에 수족관 안에서 영덕대게 자리를 대신 차지한다는 귀띔이다.

대게는 자라면서 몸집이 커지면 겉껍질을 갈아입는다. 본래는 여름철에 허물을 벗는데, 간혹 늦은 봄에 막 겉껍질을 벗은 채 잡혔다가 그대로 조리되어 '영덕대게 회'란 이름으로 상에 오르는 놈은 홀게다. 단단한 게딱지와는 달리 워낙 부드러우니 껍질 그대로 씹어 먹을 수 있다는 것이다.

소한小寒추위 속,
후포 어부들이 잡아낸 울진대게

12월부터 후포 자망바리 어부들이 왕돌짬 대게 밭에 그물을 드리워두었으니 5월 늦봄까지는 제 맛내는 대게를 식탁에서 만날 수 있게 되었다던 2009년. 7번 국도를 따라 내려온 미식가들은 울진군에 접어들면서 울진대게 모형간판에 벌써 군침을 삼키기 시작했다. 주말이면 후포항 주변 대게전문점마다 울진대게에 홀린 사람들로 넘쳐난다던가. 이런 대게를 잡기 위해 후포 자망바리 어부들은 한동안 새벽잠을 잊고 살아야 할 터다.

그런 1월 초순의 새벽 2시 40분, 후포항의 하루는 서둘러 시작되고 있었다. 칠흑처럼 어둔 바다 위, 이미 선등의 궤적을 길게 남기며 출어하는 어부가 있는가하면, 막 시동을 켜는 어부도 여러 명인데, 대부분 울진대게를 잡으려는 어부들이다. 해경 후포항 입출항신고소에서 삼창호 선원명부에 버젓이 이름을 올렸으니 이제 귀항 후 하선 전까지는 '임시어부'다.

자선장 오정환 씨가 그물을 드리워둔 어장은 '왕돌짬' 부근 바다. 포구에서 23킬로미터 정도 거리다. 넉넉잡고 뱃길 두 시간. 갑장친구이기도 한 오 선장에게 떠밀려 선실로 들어간다. 식구미^{선수품}가 그득 들어차 눕기에 마땅찮지만, 엊저녁 자는 둥 마는 둥 하며 밤을 보냈기에 그나마 황송하다. 후포항을 벗어나자마자 늙수그레한 승선어부가 들어섬에 두 사람은 앉은 채로나마 잠을 청한다.

잠결에 도착한 왕돌짬 부근 바다, 기상예보에서 멀쩡하다던 바다가 아니다. 매서운 바람에 톱날파도가 일면서 배가 출렁인다 싶으면 다음엔 너울이 다가선다. 오 선장과 승선어부에게도 만만찮은 바다겠지만, 내가 느끼는 것은 배가 아니다. 롤러코스터를 탄 거다.

물론, 겨울 동해는 사나흘에 한 번만 쨍하다는 것은 익히 아는 사실이다. 선박간 무선에서는 바다 날씨 탓에 욕까지 보태며 너나없이 '조업포기, 귀항 한다'는 전달로 시끄러울 정도여서 심상찮은 분위기다.

후포 대게잡이 오정환 자선장이 그물에 걸린 대게를 올리는 순간

좌 자망그물에 얽힌 대게 한 마리
우 능숙한 손놀림으로 큼직한 울진대게를 그물에서 벗겨내는 오정환 자선장

    한해를 통틀어 최소한 150일 안팎은 왕돌짬 부근 바다에서 조업을 한다는 오 선장 역시 파도와 너울에 연신 들까부르는 어선에서 조업을 할 수 있을까 고민을 하는 듯했다. 왕돌짬 수중산맥 봉우리에 부딪치며 생겼을 파도와 먼 바다에서 슬그머니 다가온 너울까지. 슬슬 머리가 아파 오며 멀미조짐을 보이는데, 한 해를 쉬었다가 다시 배를 타기 시작했다는 승선어부 역시 사정은 마찬가지라 했다.
    그런 파도 속에서도 꿋꿋한 이는 오 선장뿐인데, 결국 귀항 결정을 내린다. 다행히 조업포기는 아니다. 후포항 가까운 곳에 뿌려놓은 대게그물을 대신 거둔다니 애써 내려간 나로서는 다행한 일 아닌가.
    한 시간을 넘게 파도와 너울을 타고 되넘어온 그 어장 역시 파도가 드세기는 마찬가지다. 연신 어탐기와 위성항법장치를 살펴보던 오 선장이 250촉짜리 전구가 달린 서치로 어둔 바다 곳곳을 비춰보더니 선속을 줄였다. 승선어부가 나이답지 않게 재빠른 몸짓으로 그물 부표 깃발을 찾아 올린다.
    곧 양망기에 그물 원줄이 걸리고, 오 선장은 좌현 롤러 앞에 섰다. 승선어부의 자리는 우현. 옹색한 구석에 앉아 그물에 감겨 올라오는 대게를 떼어내기 시작했다. 다행히 첫 그물부터 일손 심심하지 않을 정도의 울진대게가 꿰어져 올라온다. 그런 중에도 승선어부는 갑장 9센티미터 이하의 숫게와 '빵게'로 불리는 암게라도 올라오면 그 족족 떼어내 다시 바다로 되돌려 보내고 있었다. 영덕이나 울진 어부들이나 대게 자원을 보호해야 한다는 의식이 자리를 잡은 지 오래다.

어탐기에 나타난 조업수심은 120미터다. 대게는 주로 100미터 이상 되는 깊은 바다에서 잡힌다. 헌데 깊은 바다일수록 어린 대게가, 수심이 웬만큼 낮아질수록 큼직한 대게가 잡힌다는 것이 오선장의 주장이다. 몸체가 커진 만큼 수압을 덜 받으며 살기 위해서라 했다.

동지가 지나면 해가 사슴꼬리만큼 빨리 뜬다는 옛말은 틀림없다. 7시경 바다 위 날이 밝아오기 시작한다. 허나, 그 빛에 보이는 파도는 한결 더 심해진 상태다.

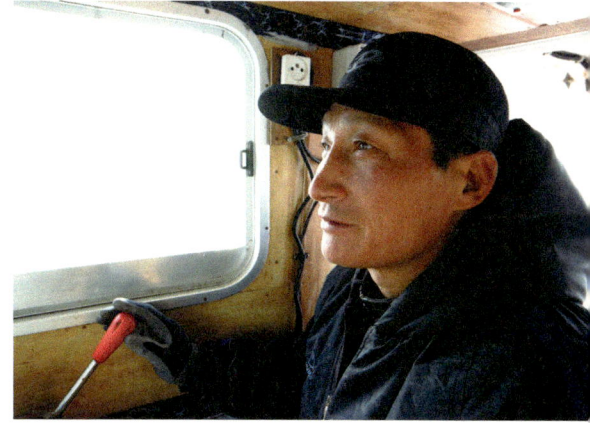

상 왕돌초 두번째 어장으로 배를 몰아가는 오 선장
하 두번째 어장에서의 양망작업. 삼창호 양망기는 한 명의 승선어부만으로도 조업이 가능하도록 선수에 설치되어 있다.

"이거 한 틀로 끝내야 할 것 같구먼. 오후가 되면 바람이 더 세어진다 카이. 바람 참, 영 심상치 않네. 앞으로 한 이 삼일은 물을 보지 못하겠구마…" 오 선장의 말인데, 나 역시 겁나는 파도여서 손짓으로 오케이 표시를 했다.

"소한이 대한이 집에 놀러갔다 얼어 죽었다"는 그날 그 대단한 추위 속, 삼창호 어부들은 오전 11시쯤 조업 갈무리를 했다.

울진대게의
변함없는 인기

한편, 포구에는 미리 연락을 받고 나온 오 선장 부인은 물론, 이웃 아낙네까지도 배가 닿고서야 안심이 되는 표정이다. 우선 따뜻한 식사부터 주문하고 나서야 그물 내리는 일에 손을 보탠다. 대부분 동해어부들처럼 후포 대게잡이 어부들 역시 쉴 틈이 없다. 잡아온 대게를 내리고, 실타래처럼 뭉쳐있는 그물을 제대로 풀어 차곡차곡 개어 놓아야 다음 조업이 편해지는 까닭이다.

이날 삼창호 어부들이 잡아낸 대게는 크고 작은 놈 200마리. '겨우 밥벌이했다'는 말을 하면서도 오정환 선장은 웃는 낯으로 말을 잇는다.

"동해안 다른 어업도 마찬가지지만, 어선어업 어획량이 해마다 늘어난다는 경우는 극히 드물거든. 우리도 갈수록 그물에 걸리는 대게의 양이 떨어지는 걸 피부로 느낀다 아이가. 선장들끼리는 왕돌잠 안에서 조업하다가 몇 년 전부터는 그 동쪽에서, 요즘에는 거기서 더 먼 바다로 나가야 대게가 걸린다는 말들을 하지러."

이튿날 오전 여덟 시, 수천 마리의 대게가 누워있는 후포항 판장은 다시 꽃밭이 되었다. 관광객들에게 더없이 좋은 볼거리다. 하루 두 번 다른 꽃이 핀다는데 여덟 시에 피는 꽃은 황금색 도는 '울진대게꽃밭'이요, 10시가 넘으면 붉은 꽃밭, 홍게가 그득 깔리기 때문이다.

그 꽃밭에서 오 선장의 부인을 다시 만났다. 하룻밤 사이에 바다날씨가 약간 좋아지는 듯하니 부인의 만류에도 불구하고 다시 새벽조업을 나갔다는 오선장이다. 판장 위에 깔린 대게 중 유별나게 삼창호 대게로만 카메라 앵글이 맞춰진다. 조업 동참까지는 아니더라도 험한 파도 속에 동승해 나갔다는 인연 때문이겠다.

"이거 잡숴보세요."

오 선장 부인이 내민 것은 대게 한 마리. 그런데 그냥 주는 게 아니라, 산 게의 다리 하나를 떼어내 살만 빠져 나온 것을 건넨다. '울진홀게'다 탈각을 끝낸 지 오래되지 않아 껍질이 말랑말랑한 이 '울진홀게'는 미식가들이 눈을 밝히며 찾아다닌다는 별미다.

경매를 위해 후포어판장에 올린 대게를 갈무리 하는 아낙네들

울진대게의 경매가 진행되고 있다.

좌 부인이 경매를 하는 동안 오 선장과 승선어부는 곧바로 투망을 위한 그물 정리에 들어간다.
우 아침식사는 귀항후에 한다. 본인은 술을 마시지 않으나 승선어부를 위해 소주를 따라주는 오 선장

회로 먹는 맛이 일품이기 때문이라는데, 오 선장 부인덕분에 판장에서 맛을 봤으니 대단한 입맛호사다.

이게 끝이 아니다. 이날 오후, 오 선장 내외가 집으로 초대했기 때문이다. 상위에 그득한 것은 온통 대게요리로 빽적지근하다. 별다른 손질이나 양념 없이 그냥 후포식으로 쪄낸 살진 '울진박달게'에 '울진홀게'에서 빼낸 살을 매운 양념에 무친 대게 회며 대게매운탕과 찜까지. 감동 넘치는 맛이었다.

영덕대게 맛, 울진대게 맛

영덕대게와 울진대게 맛이 여행객들에게 알려지면서 해마다 공급이 수요를 따라주지 못한다.

결국 상인들에 의해 수입된 북한산과 러시아산 대게가 영덕과 울진 소재 대게전문

점에까지 퍼지기 시작한지 오래다. 국내산 생산량의 서 너 배에 달하는 물량. 우리 대게가격은 형편없이 떨어지고 있다 했다. 국내산 절반 값이면 맛 볼 수 있다는 상인의 유혹에 대게 맛을 잘 모르는 여행객들이 수입산 대게를 선택한다던가. 영덕과 울진의 대게잡이 어부들은 이래저래 삼중고에 시달리고 있다는 것이다.

영덕과 울진 어부들이 수입산에 촉각을 세울 수밖에 없는 이유다. 대게란 이름을 놓고 팽팽히 맞서기도 했던 왕년의 영덕과 울진 사람들 중에서도 대부분의 어부들은 제외된다. 그 바다나 이 바다나 같은 곳임을 익히 아는 까닭이다. 오히려 공무원이나 상인들이 더 열을 올렸던 것이다.

역사적인 배경을 놓고 영덕대게란 이름을 주장하는 영덕 어부들에게 울진 어부들은 생산량의 우위를 내세우며 울진대게라 맞섰다.

울진보다 영덕이 대게의 명산지로 알려진 것은 1930년대 얘기다. 교통수단이 원활치 못한 당시 서울, 대구, 포항, 안동 등 대도시에 해산물을 공급할 때 상대적으로 교통이 편리했던 영덕으로 대게가 집하 되었다가 실려 나가면서 영덕의 지명을 사용했다는 것이다. 『임원경제지』 내용을 내세우기도 한다. "고려시대에 울진 지방이 예주^{현 영해}에 속해 있던 까닭으로 울진지역 인근을 통 털어 예주^{현 영해}로 인식한데서 비롯된 것"이라는 주장이다. 요즘은 축제도 제각기, 홍보도 제각기다. 영덕대게 울진대게로 굳혀진 채 얻은 평화다.

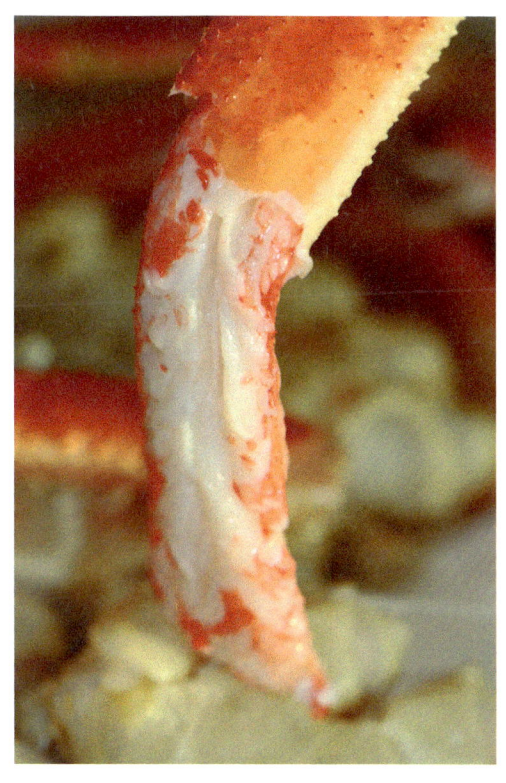

껍질을 비집고 나오는 박달대게다릿살

상 제철을 맞아 속살이 들어찬 대게 살은 회로도 먹는다.
하 달달한 맛이 그만인 대게살

한편, 울진이나 영덕이나 대게전문점 중 적지 않은 곳이 여전히 러시아산 일본산 북한산 등 수입대게도 함께 손님상에 올린다. 물론, 선택은 손님이 하는 것이되, 어떤 게 우리 대게고 수입 산인지 구별하기가 쉽지 않다.

"우리 대게는 햇볕 속에서 잘 보면 몸체나 다리에 황금색이 돌면서 때로 등껍질에 검은 돌기가 있습니다. 이에 비해 등껍질이 고동색 가깝게 거무죽죽하고 거칠어 보이면 수입 산이라고 봐야지요."

어항을 기웃거리자 손님맞이 나왔던 전문점 아낙네의 설명이다.

우리 대게는 버릴 게 껍질과 눈 입 등이 몰린 앞 부위밖에 없다고도 덧붙인다. 하기야 일본 여행객들은 살과 내장까지 깨끗이 먹고 난 뒤 껍질도 기름에 튀겨 달라 요구한다지만, 우리 여행객들은 다리와 몸뚱이에 붙은 살 발라먹고, 게장에 밥 비벼 먹으면 게트림을 하고 이 쑤시며 나온다.

요즘 울진이나 영덕 대게전문점에서는 요리와 함께 가위를 곁들여준다. 먹는 법에 익숙하지 않은 외지 사람을 위한 배려다.

어부들은 그런 쇠붙이가 속살에 닿으면 대게 맛이 떨어진다며 만류하기도 하고, 굳이 가위를 쓸 일도 없다했다. 음식점 안에서는 보다 자세한 설명이 이어진다.

대게내장볶음밥

 "뒤집어진 채 나온 놈을 좌우 네 다리씩 붙잡고 그 몸 안쪽으로 접듯이 하면 손질하기 한결 편해집니다. 그런 뒤에 반쪽 배에 붙은 다리 결대로 쪼개듯 하면 몸에 붙은 살까지 갈라져 나오지요. 우선 그걸 드시고, 다리는…" 넓은 쪽 위 납작한 부위에 손톱으로 살짝 홈집을 내고 안팎으로 꺾듯이 한 다음 당기면 속살이 그대로 빠져 나온다는 설명. 생각처럼 쉽지만은 않았다. 힘의 강약 조절이 잘 안되니 홈집 난 부위만 잘라지곤 했음인데, 음식점 아낙네는 쏙쏙 잘만 빼내어 접시에 냉큼 올려준다.

 진짜 맛은 게장비빔밥. 몸통 껍질 안쪽에 남은 살과 쑥색 내장과 국물을 받아 놓고는 여기에 방금 한 밥을 넣고 참기름과 달걀노른자를 넣어 약한 불에서 비벼내는 게 게장비빔밥이다. 맛이 별나 찾는 이가 많은 요즘 울진 죽변과 후포, 영덕 강구항 주변에는 게장비빔밥만 전문적으로 손님상에 올리는 음식점까지 생겼을 정도다.

겨울

14

개불

'프로페셔널' 개불잡이
손도해협의 풍선 어부들

한겨울, 남해군 지족리와 창선도를 잇는 연도교를 넘어가려다 보면 이채로운 풍경이 펼쳐지면서 발걸음을 멈추게 된다. 저마다 하얀색, 노란색 혹은 붉은 빛 도는 큼직한 낙하산 모양새의 어구를 바다 속에 드리운 채 여유작작하며 바다 위에 떠있는 어선들이 꾸며내는 풍경이다. 하늘에서 산개해야 마땅할 낙하산이 어선 좌현의 수중에 펼쳐져있으니 별난 것이다. 이런 수중 낙하산은 손도해협 풍선 어부들이 개불을 잡기위해 드리워놓은 '물보'라 불리는 어구다.

갯벌 혹은 텔레비전 프로그램에서 보는 개불잡이 선수는 개불구멍을 발견하면 날 폭 좁은 삽으로 사니질 갯벌을 후닥닥 파내어 잡아내는 어부다. 관광객들이 체험이라는 이름 아래 개불을 잡아내려 용쓰는 모습은 어설프다. 모종삽이나 호미로 갯벌을 한참동안 헤집어 봐도 빈손인 것이다.

반면, 남해 손도해협에서 개불을 잡아내는 어부들은 프로페셔널 하다. 우리 해안 중에서도 남해군 손도해협에서만 유일하게 볼 수 있는 특별한 어부들의 모습이어서 주목을 받고 있는 것이다.

개불잡이 풍선에 설치된 어구라고는 낙하산 모양새의 물보와 큼직한 갈고리 틀이 전부이다. 이렇듯 단순한 구성의 어구이되 같은 해협에 설치되어 있는 죽방렴만큼이

풍선 좌현에 달린 물보가 수압을 받아 터질 듯이 부풀었다.

나 해협의 빠른 물살을 이용한 어법으로 조상들의 지혜가 엿보이는 전통어구다. 낙하산 모양새의 물보는 '물돛' 혹은 '물풍'이라고도 하며 갈고리는 '개불걸이'라 표현하기도 한다. 풍선어부들이 좌현 쪽에 내린 물보는 소의 역할을, 갈고리는 쟁기역할이라 여기면 틀림이 없겠다는 게 개불잡이 어부의 설명이다. 단지 쟁기처럼 논밭의 흙을 고르는 게 아니라, 바다 속 펄 사이를 날카롭게 훑어대면서 펄 속에 죽은 듯 들어앉아있던 개불을 순식간에 꿰어내는 게 차이점이랄까.

　물보는 수중에서 낙하산처럼 펼쳐지는 큰 보자기라 여기면 될 터이다. 일단 배를 몰아 해협 위쪽으로 오른 개불잡이 어부들은 어선 방향을 조류 방향과 직각이 되도록 돌려 세운다. 우현 쪽 물속으로 갈고리를 내리고 물보는 반대로 좌현 아래쪽, 그러니까 물속에서 조류방향으로 펼쳐지도록 하는 것이다. 바닷물을 한껏 머금은 물보의 느릿한

손도해협에서 개불을 잡아내는 풍선들

흐름에 맞춰 선체가 조류를 따라 서서히 내려가면 우현 쪽에서 내린 갈고리가 천천히 끌려오면서 밑바닥 갯벌을 쟁기질하는 모양새로 해저 조업이 이루어진다는 얘기다.

풍선 끌바리

막상 손도해협 개불잡이 어부들이 스스로를 부르는 명칭은 다르니, '끌바리'라 한다. 어선에서 이뤄지는 무슨 어업이든 간에 뒤에 '바리'자 붙이기 좋아하는 갯마을사람들다운 표현이랄까. 막상 조업선에 올라 개불 잡는 모습을 지켜 본 내 의견 역시 '끌바리'라야 옳겠다는 것이다.

이런 끌바리 개불잡이 어법을 이해하자면, 먼저 알아야 될 게 어획 대상인 개불의 생태라 했다.

"어부가 막 잡아낸 개불을 본 게 하필이면 입만 살아 수다스런 촌로였답니다. 받아 들고 보니, 형편없이 된 자신의 몸 일부와 견줄 수 없을 정도로 큼직하고 튼실하기에 거염이 났을 터, 갖다 붙인 이름이 하필 '개犬 불알'이었다는 거죠. 말하기도 뭣하고 듣기도 거북하니 훗날 뒤에 알자를 떼어버린 거 아니겠습니까?"

물보 반대편에 갈고리 틀이 설치되어 있다.
이를 올리고 꿰어진 개불을 거두려는 어부들

손도 어부가 갯마을에 전해오는 말이라면 밝힌 개불 이름의 유래인데, 이리 튼실했던 개불도 뱃속에 품었던 바닷물을 뱉어 버리면 형편없이 쪼그라든다.

"개불은 생물분류학적으로는 개불강 개불과에 속하는, 식용으로 유용한 수산생물입니다. 당연히 바다에서

만 나죠. 그놈이나 이놈이나 색깔만 다를 뿐 생김새가 엇비슷해 보이지만, 암수가 따로 있습니다. 작은 원통형 몸체가 유연하고 몸길이가 긴 개체는 30센티미터 크기의 개체까지 발견됩니다. 주로 조간대 또는 그 아래 밑바닥이 모래와 펄이 뒤섞인 사니沙泥질인 곳에 삽니다. 알파벳 U자 모양의 구멍을 파고 들어가 있습니다. 구멍 속에서 점액질이 많은 주둥이를 구멍 밖으로 올려 플랑크톤이나 떠도는 유기질을 먹이로 삼습니다. 산란기는 12월에서 다음해 1월까지죠."

어장에 도착한 풍선어부가 물보를 물속에 넣고 있다.

연체동물 전문가 박영제 박사의 설명이 이어지는데 풍선어부들에게 있어 요점은 오직 하나일 것이다. 바로 'U자형 구멍' 운운하는 부분인데, 이렇게 구부러진 구멍을 파고 들고나던 개불 몸뚱이가 바닥을 훑듯이 서서히 내려오던 풍선어부들의 갈고리 끝에 꿰어져 올라오기 때문이다.

풍선 개불잡이 어부들은 한 척 당 다섯 개의 개불걸이를 선수에서 선미까지 설치하는 게 보통이라는 게 동승 어부의 얘기다. 막대와 연결된 갈고리는 두 개이니 한 번 투하에 모두 열 개의 갈고리가 100미터 안팎 길이의 물속 갯벌을 긁어 내려오는 것이고, 물 흐름에 따라 쟁기질하듯 갯바닥을 헤집던 열 개의 갈고리에 운運 다한 개불이 걸려드는 것이다.

이때 갈고리를 끄는 속도가 빠르면 아예 갈고리가 파손되거나 몸 어디가 꿰어있던

좌 바다속에 잠긴 물보는 잠시후 바닷물을 한껏 머금고 터질듯이 부풀어오른다.
우 어선은 조류를 따라 천천히 떠내려간다.

개불 역시 찢겨져 떨어져 나가게 되므로 일정한 속도를 유지하는 것이 개불잡이 풍선어부들의 노하우라 했다. 가장 적당한 속도는 시간당 약 0.1노트정도라 했지만, 막상 어로현장에서는 가늠 불가다.

 어쨌거나 속도조절은 물보와 연결한 두 가닥의 줄로 하고 있었는데, 윗줄을 당기면 물보 속의 바닷물을 흘려보내 끄는 속도가 느려지게 되고 아랫줄을 당기면 흐르는 바닷물을 물보 속으로 양껏 받아들이니 끄는 속도가 빨라진다는 설명이다. 물론 이를 이용한 방향조절도 가능하도록 고안되어 있다던가. 덕분에 손도 어부들은 그 좁은 물길에서도 암초와 암초사이를 요리조리 피해가며 능숙하게 조업을 해내고 있었다.

 현재처럼 나일론이 개발되기 전의 물보 모양새는 어땠을까? 당시 흔했던 대나무 표피로 발을 엮어서 사용했다는데, 뒷날 가마니 등을 여러 개 붙여 큼직한 방석 모양의 물보를 만들기도 했었고 광목천을 거쳐 나일론 재질의 물보로 꾸미는 오늘에 이른다니 나름 장족의 발전을 한 셈이다.

 손도해협 개불잡이 풍선어부들의 독특하면서도 컬러풀한 조업 모습은 사진가들에게 특히 인기다. 창선대교 바로 아래서 조업을 하는 경우가 많기 때문에 부러 조업시즌

밑바닥을 훑고있던 개불걸이를 올리는 어부들. 갈고리 끝이 날카롭다.

인 겨울날에 맞춰 촬영여행을 오는 이들이 많다. 푸른 바다 위에 떠있는 작은 어선, 게다가 선체에 비해 엄청 커다란 물돛까지 수중에 펼쳐져 있으니 대비되는 색감이 여간 좋은 게 아니기 때문이다.

그러나 성질 급한 사진가는 풍선어부들의 이런 모습을 제대로 촬영할 수 없다.

앞글에서 밝혔듯이 풍선은 조류에 압류되어 바다 쪽으로 흘러들어간다. 설사 해협 위쪽에서 물돛을 펼치고 작업 중이라도 한참 기다리면 다리 아래로 내려 올 수밖에 없는 것이다. 다리를 거쳐 어느 정도까지 떠내려갔다면 조업을 위해 다시 해협 위쪽으로 올라와야 한다. 개불잡이 풍선 작품 한 컷 건지자면 오로지 기다리다가 적당한 위치에 들어오면 그때 촬영하면 되는 것이다.

한편, 갯벌 속 모든 개불이 손도 풍선어부들에게 잡혀 올라오는 것은 아니다.

우선 서해안 갯마을 어부들의 단순한 어획방법을 살펴보자. 썰물 때 바닷물이 빠져 나간 갯벌에 걸어 들어가 개불구멍부터 찾는 게 먼저 하는 일이다. 그 구멍을 중심으로 삽이나 호미로 파서 개불을 잡아내는 식이다.

갯벌 거죽에서 전달된 진동 등 위협을 느낀 개불이 순식간에 깊은 갯벌로 숨어 들어가기 예사인데, 물론 그 전에 낚아채야 한다. 서해안 개불은 기온이 높거나 너무 낮으면 갯벌 속 깊이 파고 들어가기 때문에 주로 봄철에 잡아낸다는 게 겨울에만 조업을 하는 남해 손도개불과의 차이점이랄까.

손도 개불잡이 어부들은 하루 한 접의 개불을 잡아내기도 힘들다 했다. 한 접은 개불 100마리를 이르는 양이다. 물때에 맞춰 오르내리며 해야 하는 어법이다 보니 하루 동안의 채취 횟수가 썩 많은 것이 아니기 때문이다.

일명 '물대포'로 불리는 고압분사기로 저질을 헤집어 개불 등 온갖 갯것을 싹쓸이 하는 불법 어업도 성행하고, 때로는 머구리라 불리는 잠수사들도 값이 좋을 때면 개불을 일부 잡아낸다. 수중에서 눈에 띄는 갯것이면 뭐든 잡아낼 능력이 있는 사람들 중에는 배에서 내려 보낸 압축공기를 쏘아 보호색 띈 개불을 골라잡아 내는 경우도 있다. 물론 불법이다. 갯바닥을 뒤집어 갯것들의 서식환경 자체를 파괴할 수도 있고, 대량 어획에 따른 자원 고갈의 원인도 된다는 원성을 들으면서도 개불 값이 좋을 때면 유혹을 이겨내지 못하는 것이다.

개불이 꿰어진 갈고리를 올리는 순간

좌 개불을 거두어들이는 승선어부
우 갈고리에 꿰어진 개불

한편, 우리 바다에 갯벌체험이 활성화되면서 서해 갯벌 속 개불 무리는 더욱 살벌한 위협에 처했다. 어부들에 의한 게 아니라, 체험객들 탓이다. 서남해안의 갯벌체험장에 입장료 내고 들어온 체험위주 관광객들은 대상이 되는 조개 말고도 숨어있든 기어가든 갯벌생물이면 무조건 잡아내고 보기 때문이다. 개불의 입장에서는 별안간 몰려드는 인파의 진동만으로도 스트레스 받아 죽을 지경인데, 여기에 더해 너나없이 각종 화학성분으로 버무려진 맛소금까지 들이붓는 탓에 혼비백산 할만하다. 아마추어다운 둔한 손끝에서는 피해갔다 하더라도 맛소금에 포함된 화학성분과 높아진 주변 염도 속에서는 버텨낼 재간이 없는 것이다.

겨울 별미
'손도개불'

남해 어부들은 풍선에서 잡아내는 손도개불이 유명해진 이유 중 하나로 갈고리로 개불을 잡아낸 까닭이라고 귀띔한다. 본디 개불은 잡자마자 몸통을 세로로 조금 갈라내고 검보라색의 내장을 빼내야 오돌오돌한 맛이 더해진다는데, 갈고리에 꿰어 잡히는 손도개불은 갈고리에 꿰어지는 순간에 내장이 제거되니 특유의 씹는 맛이 살아난다는 얘기였다. 어느 횟집에서나 구입한 개불은 보통 내장을 빼내고 수족관에 넣는다. 갈고리 대신 갯벌에서 삽 등으로 오롯이 잡아낸 개불은 내장을 제거하지 않을 경우 하루만 지나면 거죽이 얇아져 씹는 맛이 떨어진다던가. 횟집 주방장들의 이런 견해와도 일맥상통하는 손도 어부들의 주장이다.

요즘이야 "겨울철 남해군에 가서 개불을 먹지 못했다면 남해구경 했다 하지 말라"는 말을 듣는다지만, 예전에는 주로 돔 등 대형 어종의 낚시미끼로 손도개불을 이용했다니 말 그대로 격세지감이다.

한글과 컴퓨터 사전에는 "개:—불【명사】『동』개불과의 환형環形동물. 바다 밑 모래속에 유U자 모양의 구멍을 파고 사는데, 길이 10~30cm, 둥근 통 모양으로 황갈색을 띰. 낚싯밥으로 씀"이라 밝히고 있다. 실제 개불의 효용성과는 큰 차이가 있는 설명 아닌가.

물론 대접이 다른 사전 내용도 있다. 웰빙식품 운운 일색인 것이다. 자연산, 열량이 낮으면서도 단백질이 많은 순수한 자연식품, 주로 날것으로 먹는 것을 최고로 친다. 회로 만들기도 간편하고 입안에 넣으면 오돌오돌 씹히는 맛과 씹을

풍선 개불은 위판을 거쳐 판매가 된다.

수록 달짝지근한 맛이 계속 우러나면서도 비린내가 전혀 없으니 연령 불문, 성별 불문하고 인기식품으로 급상승 중이라며 한껏 치켜세우고 있는 것이다.

"현대인들이 제일 두려워하는 게 고 칼로리 식품 아닙니까? 개불은 저 칼로리 먹을거리죠. 100g 기준, 소고기가 열량

풍선어부들이 잡아낸 개불회

이 131Kcal인데 반해 개불은 67Kcal 밖에 되지 않거든요. 현대인의 기호에 딱 맞는 식품이라 할 수 있죠. 이런 개불에는 혈전을 용해하는 성분도 함유되어 있어 고혈압이 있는 사람들이나 다이어트를 원하는 이들에게 더없이 좋다고 합니다."

이래저래 개불 팬이라는 박영제 박사의 개불칭찬이다. 이름만큼이나 보기에 따라 흉물스럽게 여겨질 수도 있으나, 그 모양새 덕인지 '예로부터 남성의 성 기능을 증가시켜주는 정력 강화제'로 알려지면서 남자들의 젓가락질이 집중되는 것 같다고 덧붙이기도 한다.

남해 사람들은 '개불=정력'이란 말이 나올 때마다 고려 말 승려 신돈辛旽을 함께 등장시킨다. TV드라마의 영향이겠으되, 여자관계가 복잡했다는 승려 신돈이 정력 강화제 삼아 개불을 즐겨먹었다는 속설을 내세우며 목소리를 높이고는 한다. 김려의 『우해이어보』에도 등장한다던가. '해음경海陰莖' 곧 개불을 말렸다가 잘 갈아서 젖과 섞어 남자 생식기에 바르면 바로 발기 한다'는 내용이라는데, 거두절미하고 남성에겐 더없이 좋다는 개불을 일단 많이 먹고 보자는 얘기다.

개불의 이런저런 영양가를 몰랐을 때, 만두피 정도로 여겼던 남해 아낙네들도 있다고 귀띔한 사람은 동승했던 끝바리 어부다. 개불을 띄엄띄엄 본거다. 생김새도 뭣하지만, 맛도 별로 이고 영양가나 있겠는가 싶었던 것이었겠지. 어쨌든 바깥양반이 애써 잡아내 왔으니 식탁에는 올려야하겠고, 궁리 끝에 등장한 조리법이 '개불만두'였다. 개불

거죽을 만두피삼아 소고기나 돼지고기로 소를 채운 뒤에 삶아냈다는 얘긴데, 그 맛이 여간 궁금한 게 아니다. 한편, 남성에게 특히 좋은 갯것이라 소문난 개불 회를 싫어라하는 사람들도 있다. 활活개불을 처음 대한 여성들 중에 손사래를 치는 경우도 있다. 이때는 구이를 청하면 된다. 석쇠에 조리용 알루미늄 호일을 씌우고 갖은 양념을 해서 구워내는 개불구이는 맛과 모양이 곱창구이와 비슷하기에 거부감이 한결 덜하다. 맛 역시 곱창구이에 비할 바가 아닐 만큼 '훨씬 담백하고 고소하다'는 주장이다.

삼겹살에 곁들여 구워먹어도 별미라는데, 개불은 아무리 많이 먹어도 체하거나 설사를 하는 경우가 거의 없다니 장이 약한 애주가들의 소주안주로는 제격 아닌가.

이런 개불이 겨울 별미로 인기를 끌면서 국립수산물품질관리원의 수입산 활수산물 품목에 개불도 버젓이 들어가 있어 남해 개불잡이 어부들의 걱정이 이만 저만이 아니다. '맛과 질에서 남해산 개불과 비교되지 않을 정도로 하품이라지만, 국내산 대신 수입산 개불을 처음 먹는 이라면 개불 맛이 그러려니 여길까봐' 걱정이라는 것이다.

우려대로 개불 소비량이 늘어나면서 중국산도 은근슬쩍 수입된 지 오래다. 국내산에 비해 거죽이 두껍고 질기며 '검분홍빛'이 돈다는데, 상대비교 할 국산 개불이 곁에 없으면 하나마나한 얘기다.

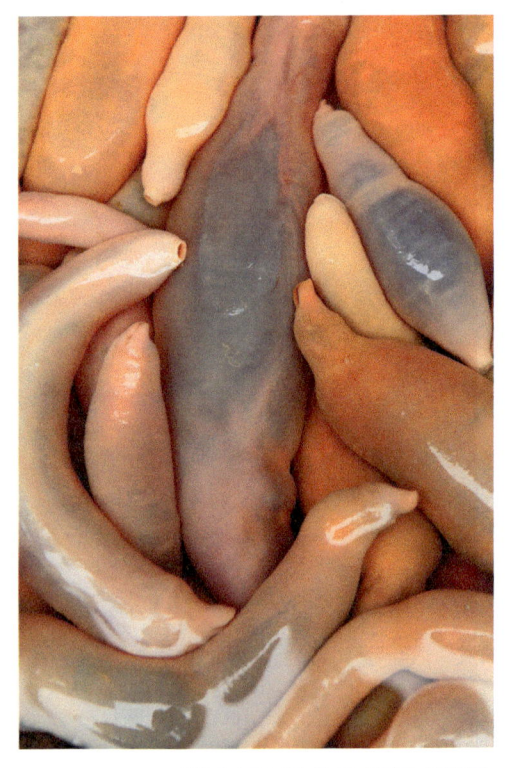

갯벌에서 잡아낸 개불은 형태가 온전하다.

겨울
―
15
뚝지
―

동해東海 겨울효자
**양양어부들이 잡아내는
'신통방통' 심퉁이**

~~~

만일, 감정이 있다면 격세지감 隔世之感을 느낄 생선이 한 두 종이 아닐 것이다. 동서남해를 막론하고 생긴 게 묘해서 혹은 너무 흔해서 시쳇말로 '개 취급' 당하다가 세월이 변하면서 귀한 몸으로 격상한 생선이 그만큼 많기에 하는 얘기다.

동해안 어부들로부터 '심퉁이'라 불리는 뚝지 역시 마찬가지 입장일 듯하다. 꼼치·아귀와 더불어 '못난이 삼형제'로 불리던 지난 세기, 생선답지 않게 앞 바다 바위틈에 달라붙어 지내다가 고작해야 아이들 놀림감 노릇이나 했던 어종이 바로 뚝지이기 때문이다.

거죽은 알록달록, 생긴 것은 공 모양인데 이런 갯것이 바위에 착 달라붙어 있으니 궁금증 많은 아이들이 내버려두었겠는가? 생선임에도 이렇게 바위에 찰싹 달라붙는 능력을 보여주는 것은 배 쪽에 지닌 흡반 吸盤 덕이다.

그물에 얽힌 뚝지를 풀어낸 양양 수산항
선적 단독 조업선 문재인 자선장

좌 복부의 흡반 탓에 괴 생명체인듯 보이는 뚝지
우 바로 놓고 봐도 묘하게 생겼다는 것에는 변함이 없다.

　힘들어 찾아온 양양 앞바다, 홀몸도 아닌데다가 아이들이 이리 찔쩍대고 저리 찔러보니 영 살맛이 나지 않았을 게다. 수심 100미터이심의 깊은 바다 속에서 참견 받지 않고 살다가 때맞춰 산란을 해보겠다고 연안 갯바위 부근으로 몰려왔다가 당하고는 했다는 뚝지의 수난인데, 아이들이 신기하게 여기는 흡반은 뚝지의 입장에서 보면 처절한 생존도구다.
　공 모양의 둔한 몸집 탓에 민첩하지 못한 유영실력은 알록달록한 거죽으로 위장하며 천적들로부터 피한다. 여기에 배지느러미가 변한 끝에 배꼽모양으로 불거진 흡반 덕에 바위 한쪽에 착 달라붙어 있을 수 있게 되었고, 대형 어종들이 그저 못생긴 갯바위거니 여겨 건드려 볼 생각조차 하지 않음에 살아남았던 것이리라.
　쏨뱅이목 도치과에 드는 어종이니, 지역에 따라 도치로도 불린다. Smooth lumpsucker 부드러운 흡반 물고기 쯤으로 해석되는 영명이 재밌고, 이로 미루어 영어권 국가에서도 뚝지가 서식한다는 말도 된다. 일본에서도 나고 베링해와 캐나다 등에서는 제법 잡혀 올라온단다.

자망 뚝지잡이는 대부분 단독조업이다.

'하필 겨울에 잡혀 고생시키냐고?'

우리 바다를 고향으로 둔 뚝지는 1~2월 사이에 얕은 바다의 바위에 알을 낳는다. 겨울에는 표층부근에서 생활한다. 14cm 이상으로 자라면서 색이회유索餌回遊(어류가 먹이를 찾아 이동하는 일)를 시작하여 점점 깊은 바다로 이동한다.

    예로부터 우리 어부들에게는 '올라온 놈 그냥 버렸다'고 전해오는 생선이 많다. 대부분 못생긴 것 탓하며 그물에 걸려든 놈을 다시 바다로 던져버렸다는 애기다. 좀체 믿어지지 않는 말이다. 말 만들기 좋아하는 이들이 지어낸 허황된 애기가 아닐까 싶은데, 부산 기장의 꼼장어잡이 어부들은 조업 중 딸려 올라온 말미잘까지 먹기에 드는 생각

 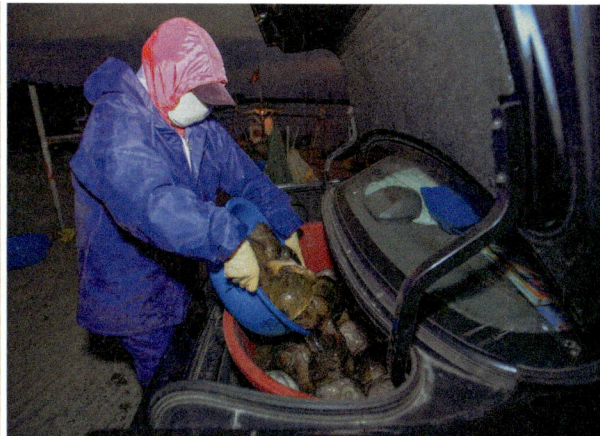

좌 마중나온 아내가 뚝지를 받아 옮기고 있다.
우 경매가가 높은 남애항까지는 최고급 승용차에 실려간다.

이다. 당연히 먹을 수 있는 말미잘인데, 피로회복에 도움이 되는 어떤 물질이 들어있어 좋다면서다. 하다못해 묘하게 생긴 말미잘까지 먹어볼 생각을 할 정도로 도전적인 어부들인데, 기껏 잡아낸 생선을 생긴 것 운운하며 버릴 리가 없기 때문이다.

어쨌거나 흔하기는 했던 모양이다. 자망, 정치망은 물론이려니와 주낙에도 대롱대롱 매달려 오를 정도로 흔했기에 어종 구분을 위해 선상 정리할 때 장화 발에 이리 차이고 저리 차이면서 제 대접 하지 않았다는 게 노어부들의 말이니까.

요즘은? 엄청 귀한 몸이다. 당연하다 어획량은 형편없이 줄어들었는데, 이미 뚝지 맛을 알아버린 사람들이 많은 까닭이다. 결국 지난 2005년부터 인공산란과 부화에 애를 쓴 끝에 해마다 수천만 마리에 달하는 어린 뚝지를 방류하기에 이르렀다.

양양 어부 문재인 씨는 뚝지가 그물에 걸려 올라올 때마다 '신통방통하다'는 칭찬까지 한다. 도시 관광객들 좋아라하는 100퍼센트 자연산이요, 젤라틴 성분 함유한 거죽은 쫄깃쫄깃 자작감이 그만이고 담백한 살맛과 톡톡 터지는 알 맛까지 알아버린 관광객들 덕분에 해마다 인기를 끌고 있기 때문이다. 특히 겨울을 제철이라 여기는데, 잡아낸 뚝지를 판장에 올릴 때마다 위판가가 올라있으니 신통방통 귀하게 취급해주지 않을

값이 좋다는 정보에 양양 남애항으로 몰리는 뚝지

수가 없다고 덧붙인다.

잡혀야 마땅할 생선이 제대로 잡히지 않고, 반갑지 않은 강풍 강추위만 기승을 부리는 요 몇 년간의 겨울이지만, 경력 40년의 양양 자망어부 문 씨는 새벽마다 싱글벙글 웃는 상이다. 수산항 선적 자망어부 중 유독 그이의 그물에 걸리는 도치가 많기 때문이라던가.

2011년 1월, 추위가 위세를 떨치던 새벽, 그런 문 씨와 동행해 수산항 앞 바다로 나갔다. 자망을 깔아둔 바다까지는 30여분이나 될까 말까한 거리라 했다. 오르락내리락 파도를 타는 수원호는 채 3톤이 되지 않는 에프알피 어선이요, 문 씨 혼자 나서는 단독조업이다. 어군탐지기와 항법장치 등 전자장비로 위치가늠을 한 뒤에 찾아낸 어장. 랜턴을 비춰 어렵지 않게 자신의 어장기를 찾아낸 문 씨는 엔진을 멈추더니 우현으로 자리를 옮긴다.

"단독조업은 이게 불편해요. 배는 꼴랑거리는데 '때어장기' 올리랴 모릿줄 올리고 그물 사리랴, 두 손만으로는 모자라지요. 그렇다고 나이 든 집사람 멀미 고생시키기도 그렇고…"

말은 이리 하지만, 능숙하게 이런 일들을 처리하는 문 씨다.

어탐기 한쪽에 표시되는 조업 수심은 20미터 안팎에서 오르내린다. 첫 그물부터 대롱대롱 걸려 올라오는 도치다. 문 씨가 바다 속에 드리워놓은 그물에 걸려든 순간부터 가뜩이나 공 같은 몸에 잔뜩 바람을 넣어 배를 부풀리고 있었을 게다. 건들지 말라는 듯이 그 상태로 위세를 부리나, 문 씨는 숙달된 손길로 아무렇지도 않게 뚝지를 떼어내 바닷물 채워놓은 수조에 던져 넣는다. 시들시들하거나 거죽에 상처가 난 놈은 당연히 제값을 받지 못하니 한 마리라도 소홀히 다룰 수 없는 일일 텐데 던지는 족족 골인이다.

양망후 한 시간도 지나지 않았는데, 온몸이 얼어붙는 듯 하고 입에서는 절로 춥다는 말이 흘러나온다.

"여름에는 깊은 바다 속에 틀어박혀 당최 나오지 않습니다. 우리 아이들 말이 뚝지가 하필이면 겨울에 나서 아버지를 생고생 시키냐고 하지만, 겨울이라야 제맛이 나고 제값을 받는데요 뭐. 아이들이 뭐라 하든 여간 신통방통한 게 아닙니다, 이 심퉁이가."

심통난 놈처럼 퉁퉁 불은 듯 한 모양새 때문이기도 하지만, 그물에 올라올 때

상 뚝지가 한겨울이라야 잡히는 탓에 어부들은 강추위 속에도 조업에 나서야 한다.
하 경매가 끝난 뚝지는 각지로 팔려나간다.

'꾸룩꾸룩'하며 굶어서 심통 난 돼지 소리를 내기에 심퉁이라 부르기도 했다던가. 이런저런 뚝지에 얽힌 이야기를 해주는 문 씨에게 한겨울 추위쯤은 문제도 아닌 듯했다.

문 씨가 전날, 다섯 닥 깔아놓았다는 뚝지자망은 다시 한 시간쯤 지나서야 뚝지 조업 끝, 한 닥씩 갈무리까지 마쳤다. 뚝지그물 한 닥은 한 묶음의 그물, 길이는 50~60발 정도라 했다. 한 발의 길이는 1미터 70센티미터쯤이라며 덧붙여준다.

헌데, 뚝지 양망으로 조업 끝이 아니었다. 다음 차례는 가자미를 염두에 두고 다른 바다에 깔아놓은 그물 세 닥의 양망으로 이어진다. 이 그물에서 문 씨가 요즘 노리는

강원도 고성군 최북단 대진항에 무심하게 부려진 뚝지

것은 일명 성게가자미라던가. 뱃바닥에 노란 테 두른 참가자미보다 맛도 그렇고, 값도 한 수 위라던가. 성게가자미 첫 대면을 위해 그물에 갯것이 붙었다싶으면 연신 플래시를 터뜨렸지만 확인해보면 참가자미다. 그나마 물가자미보다 값이 좋다니 다행인데, 성게가자미와의 대면은 끝내 이루어지지 않았다.

담백하고 쫄깃쫄깃 씹는 맛이 인기비결

참가자미 양망을 끝으로 수산항으로 되돌아 온 시간은 8시 10분. 문 씨가 하루 전에 건져 올린 그물의 보망작업을 하며 이제나저제나 기다렸을 부인이 일손을 보태 잡아낸 뚝지와 가자미를 뭍에 올린다. 그런 중에도 문 씨 핸드폰이 울려댄다.

"남애 판장 값이 좋답니다. 많이들 못 잡았나?" 통화 후 문 씨가 전해준 양양군 어부들의 뚝지 어황이다. 잠시 후 문 씨가 타고 온 것은 최고급 승용차다. 뚝지와 가자미는 비록 짐칸일지언정 그 고급 승용차에 실려 남애항으로 가는 호사를 누렸다. 이런 뚝지로 하여 겨울 입맛호사를 누리려는 사람들도 많다. 오로지 뚝지 맛을 보기 위해 동해안을 찾아온 관광객들이다.

뚝지는 생긴 것과 달리 거죽과 맞붙은 속살은 질기지 않다. 그 알을 주재료로 만든 음식이 인기인만큼 뚝지 암컷은 '알도치'라 불리며 수컷보다 한수 위의 대접을 받고, 가격도 역시 더 비싸다. 보통 이 알도치는 알

축제장 맨손잡이 체험에서 뚝지를 잡아낸 아낙네

동해 최북단 고성군 대진항으로 뚝지잡이 자망바리가 귀항하고 있다.

탕에 수컷은 숙회에 주로 쓰인다.

　갯것 맛에 익숙지 않은 도시사람들에게도 뚝지는 '담백하며 비린내도 없고, 쫄깃하여 특히 좋다'는 평을 듣는다. 두루치기도 좋다하고 매운탕도 맛나다 하지만, 양 푸짐한 알탕이 한겨울 별미로 인기를 끈다 했다. 데침 회를 찾는 사람도 적지 않다. 날로 먹는 게 아니라, 끓는 물에 살짝 데쳤다가 초고추장에 찍어 먹으니 데침회^{숙회}다.

　공처럼 둥근 몸집에 어울리지 않는 작은 지느러미 등등, 생긴 것만으로는 우습게만 보이던 뚝지가 이래저래 귀한 몸이 되어간다. 일본사람들도 뚝지라면 부러 찾아다니며 먹을 정도로 즐긴다던가. 한술 더 떠서 뚝지 알에 검은 물을 들이는 등 가공과정을 거쳐 '뚝지캐비어'란 이름으로 저자에 내기도 한다는 것이다. 한 번에 적으면 2만 개, 많으면 10만 개의 알을 낳는다는 뚝지는 이래저래 버릴 것이 없는 생선이다.

　"사철 먹을 수 있으면 오히려 인기가 떨어졌을지도 모르죠. 정월 보름이 넘어서면 찾는 이가 드물어져요. 통통하던 살은 어디로 갔는지 모르고 이때부터는 뼈도 억세어지거든요."

　위판 영수증을 받아든 문 씨가 환한 표정으로 하는 말인데, 제대로 된 뚝지 맛을 보자면 거진 등 고성까지 올라가야 한다며 귀띔한다.

좌 어부들의 안주겸 간식인 뚝지알찜
우 동해안 중에서도 강원도의 한겨울 별미인 뚝지매운탕

남애항 위판장에서 팔린 뚝지도 그쪽으로 올라가는 양이 많다할 정도로 고성군 아낙네들의 뚝지요리 솜씨가 특별하다는 얘기다. 예로부터 고성8미 高城八味에도 들어 있었다니 요즘 사람들 그 좋아하는 '원조' 역시 고성군인 모양이다.

"알 품은 뚝지가 많이 잡히는 1월이 딱이죠. 재료가 특별하니 손맛까지도 필요 없습니다. 김장김치가 제 맛이 들었을 때니 뚝지며 김치 숭숭 썰어 넣고 끓이기만 하면 됩니다."

거진항 횟집거리 아낙네의 조리방법 설명인데, 뚝지에서 알부터 꺼내더니 먹을 수 없는 내장일부를 제거한다. 껍질 채로 적당한 크기로 썰어내 뜨거운 물에 데치는 게 먼저 할 일이라던가. 뚝지 살과 알 그리고 썰어낸 김치를 한데 넣고 주물럭대어 잘 섞어주더니 불에 올린다. '팔팔 끓으면 먹어도 된다'면서다.

겨울

16

물메기

생김새와 달리 예민한 남해南海 물메기
천적天敵은 대나무통발이다

어부들을 만나 온 바다를 함께 다니면서 "우리의 다양한 어업에 대나무가 없었다면 참으로 곤란 했겠구나"하고 여겨지는 때가 많았다. 어선어업의 다양한 어구는 물론이려니와 죽방이며 덤장, 어살 등등 어장자체를 대나무로 꾸민 것이 좀 많았던가.

대나무 활용은 양식어업으로도 이어진다. 김만 놓고 살펴보자. 80년대 중반까지도 경남 하동 갯마을 중심으로 성했던 '섶양식'이란 게 있다. 잔가지 많이 붙은 대나무 위를 잘라 갯벌에 꽂아놓고 밀물썰물 때 자연스레 붙은 김 포자를 키워 수확하는 방식이다.

죽홍竹篊이란 말도 김양식에 등장한다. 갯벌에 말목을 간간이 박아세우고 그 사이에 수백 개의 대쪽을 이어 붙여 김을 키우는 방식이다. 나일론 망이 동원되어 망홍網篊이라 이름 붙기 전까지 서·남해 지주식 김양식장에 대나무가 없었다면 곤란한 게 대나무였다. 그렇게 키운

남해군에 딸린 섬, 노도 어부가 만든 대나무통발

좌 대나무통발 안에 오롯이 들어앉아 있는 물메기 한마리
우 남해군 미조항횟집 수조에 달라붙은 물메기의 흡반

김을 말리는 발장도 대나무요, 말려낸 김을 깔고 김밥을 말아낼 때도 대나무가 쓰일 정도로 대나무의 쓰임새가 다양했다. 우리 어촌 뒷산에는 유난히 대나무 무성한 숲이 많아 다행이었다. 특히 당산이나 동해안 골맥이당 주변을 대숲으로 조성한 마을이 많았으니 소용되는 곳이 많아서였을까.

엉성한 어구에 잡히는
엉성한 생선, 물메기

어선어업 어구 중에서도 대나무로 만든 것을 빼놓을 수 없는 것이 있다. 대나무통발이다. 줄여서 대통발로 불리는 전통어구다. 예로부터 바다는 물론, 강과 호수에서의 어업에도 다양한 형태로 이용되어 왔으며 지금껏 이를 쓰는 어부들도 많다. 특히 물메기를 전문적으로 잡아내는 남해며 통영 섬마을 등 경남 어부들은 대통발이 없으면 조업 자체가 불가능할 정도라 했고, 전북 부안어부들도 대통발이 없으면 갑오징어를 잡아내기

남해군에 딸린 섬, 노도 어부의 대나무통발에 물메기가 들어앉아 있다.

어렵다고 여긴다.

이런 대통발은 요즘 우리 바다 속에 지천으로 깔려있는 쇠테통발과는 모양새도 다르고 쓰임새도 다르다. 우선 대나무로 틀을 잡고 그물로만 얽어놓았으니 모양새는 다소 엉성해도 어구 자체의 무게가 가벼워 바다 밑바닥까지 완전히 가라앉지 않는 것이 장점이다.

남해 노도와 통영 추도 등 경남바다에서 물메기를 전문적으로 잡아내는 어부들이 어장으로 여기는 대부분의 바다 속의 저질은 갯벌 천지다. 쇠테 두른 통발은 투승 후 밑바닥에 닿으면 스스로의 무게를 이기지 못하고 밑바닥에 파묻히기 예사여서 성격 예민한 물메기잡이에는 적당하지 않다 했다. 반면, 모릿줄에 줄줄이 이어놓은 대통발은 일종의 중층통발로서 대나무 특유의 부력으로 하여

상 남해군 해안 덕장에 만국기 처럼 널린 물메기
하 통영 추도 어부의 통발 조립

조류에 맞춰 살랑대며 물메기를 유혹한다는 얘기다.

대통발의 긴 원통형을 유지할 수 있도록 두른 세 개의 테두리 소재 역시 대나무다. 어부들이 '텟대'라 부르는 테두리는 일정한 굵기로 가른 대쪽을 원형이 되도록 둥글게 구부려 놓은 형태다. 두 개의 통대나무 가름대 벌림대로 좌우 대칭이 되도록 벌리고 그물을 둘러 길쭉한 원통형으로 만든 것이다.

물메기가 통발 속으로 들어오는 입구인 조구操口 역시 대나무를 원형으로 만들어 그물과 연결해 놓고 있다. 스프링인 듯 꼬아 놓았다가 투하와 동시에 펼쳐지게 고안된 쇠테통발과 비교하자면 투승과 양승작업이 상대적으로 까다로울 수밖에 없는 생김새다.

노도 어부의 대통발 양망. 작다싶은 물메기 한마리가 들어있다.

특이한 것은 대통발 안에 미끼가 없다는 것이다. 대통발만 넣어두면 된다는데, 산란장소를 찾던 물메기가 대통발 속이 알을 낳기에 적당하다고 여기는지 냉큼 들어앉는다는 설명이니 생김새답게 참으로 미련한 놈이다. 텟대를 거쳐 조구를 통해 들어앉았으니 다시 되돌아 나갈 만도 한데, 실상은 그렇지 않다 했다. 조업현장의 대통발 속에서 그리 미련을 떠는 물메기를 확인 한 것은 지난 2001년 겨울, 남해군에 드는 섬 노도 앞바다에서의 일이다.

"이 생긴 것 좀 보소. 이 몸체로 헤엄은 재빠르게 몬칠끼라."

대통발을 올려 물메기를 꺼내려는 순간의 노도어부

    노도 앞바다 물메기 어장, 바다 속에 드리워져 있던 대나무통발이 줄줄이 올라온다. 승선어부 김영도 씨가 첫 대통발에 걸려든 물메기를 들어 보이며 하는 말인데, 원형을 이룬 듯 커다란 머리통, 근육질과는 거리가 먼 흐느적거리는 몸통의 살 등등 날렵한 유영은 무리일 듯했다. 게다가 배에는 뚝지처럼 흡반이 달려있으니 깊은 바다 밑바닥에 배를 붙일 듯하며 조류에 몸을 맡긴 채 흐느적흐느적 나름 여유를 부릴 듯하다.
    어부들이 올리는 통발마다 물메기를 한 마리씩 잡아낼 수 있으면 얼마나 좋을까만,

좌 대나무통발에 들어앉아 있다가 노도 포구에 부려진 물메기
우 남해군 아낙네가 물메기를 덕장에 널고 있다.

너덧 개 끌어올려야 한 마리의 물메기가 웅크리고 들어앉아 있는 정도다. 새벽 네 시에 출어 후 15분쯤 칼바람 속을 달려 도착한 물메기 어장은 본섬과 노도 사이 바다다. 서너 시간이면 양승이 끝난다지만, 노도 물메기잡이 어부들은 그 내내 출렁대는 바다와 칼바람에 시달려야 했다.

정동호 승선어부 두 명의 양승작업은 단순했다. 어선 우현에서 롤러로 모릿줄을 감으면서 그 힘으로 배를 천천히 전진시키며 양승을 한다. 모릿줄 10미터 정도의 간격에 한 개씩 올라오는 대통발을 지켜보다가 물메기가 들어앉아있으면, 롤러를 정지시키고 이물 쪽에 부려놓은 뒤에 빈 대통발을 다시 바다에 던져놓는다. 이어 롤러를 작동시키며 연이어 올라오는 대통발 속을 눈여겨보는 식이다. 미끼를 넣어 놓을 필요가 없으니 투망 과정은 다른 통발어업에 비해 한결 편하다 할까.

남해 어부들이 꾸민 대통발을 천적으로 여길만한 물메기는 양력 11월부터 1월에 이르는 산란기가 되면, 연안 가까이 들어와 바위틈이나 해조류 숲에 산란을 하는 습성을 지녔다. 미끼도 없는 대통발만 넣어도 물메기가 냉큼 들어앉는 이유다.

승선어부 김 씨가 대통발을 살피고, 선장은 선실에서 롤러를 컨트롤 한다. 작동하고 멈추는, 일견 단순해 보이는 작업이지만, 바다 일 중에 쉬운 건 없다. 대통발 어업 역시 한 두해를 보내야 손에 익는 다는 설명이다. 그래도 다른 어선어업에 비해 작업이 썩 까다롭지는 않아 대통발을 적게 깔아둔 경우 단독 조업을 하는 이웃도 있단다.

대통발 물메기 잡이 어부들은 적게는 100개에서 많게는 1,000개에 이르는 대통발을 바다 속에 던져둔다 했다. 바다날씨만 좋으면 이틀에서 사나흘의 여유를 두고 거두어들이는 일을 반복한다던가.

평소 조업 때는 대통발 안에 오롯이 들어앉아 있는 물메기를 거두어들이면 된다. 드물지 않게 들어앉아 있는 문어는 보너스라 했다. 조업 자체가 까다롭지 않다보니, 겨울이면 남해군 상주면 노도와 그 맞은편 양아리 어부들 중 배 있는 이는 모두 대통발 물메기 잡이를 한다며 나설 정도라 했다.

한편, 양승작업은 혼자 할 수 있어도 첫 투승 때는 선장 포함 최소한 두 명의 승선어부가 필수라는 설명이다. 해체해서 배에 싣고 나간 수백 틀의 대통발 텟대를 벌림대로 일일이 벌려 제 모양을 갖춘 뒤, 모릿줄에 단단히 옭매어야 투하 가능해지기 때문이다. 물메기 철이 끝난 뒤, 철망 작업 때도 마찬가지다. 이번에는 대통발 벌림대를 뽑으면서 차곡차곡 정리해야 하니 역시 두 명의 일손이 적당하다 했다. 이렇게 거둬들여 갈무리한 대통발은 부피가 크지 않아 다행이랄까. 햇볕과 해풍을 피할 수 있는 응달에서 보관하면 된다는 설명이다.

"지금처럼 나일론 줄이 흔하지 않던 예전에야 테두리 그물이나, 모릿줄을 새끼를 엮어 만들었을 뿐 지금과 그 모양새는 큰 차이가 없습니다. 요즘의 쇠테통발과 차이점을 들라면, 역시 값이 싸고 오래간다는 점이죠. 특히 쇠가 녹슬면서 내는 비린내가 전혀 없고 큼직해, 물메기 잡이에는 더 없이 좋다고 합니다."

노도 어부 김정선 씨의 설명인데, 당시 개당 7,000원에서 8,000원 사이라는 쇠테통발의 수명이 1년 정도인데 비해, 대통발은 2,000원 안팎으로 값도 싸고 최소한 3년은 쓸 수 있을 만큼 수명도 길다는 것이다. 구조가 간단한 만큼 눈썰미가 좋고 시간여유가 있는 어부들은 대나무를 베어와 직접 만들어 내기 예사라고 덧붙인다.

남해의
물메기 대접

우리 바다에서 나는 갯것 중 세월 따라 극적인 신분 상승을 한 어류로 물메기와 꼼치도 앞자리에 든다. 물론, 흐물흐물 못생긴 게 비슷하다 해서 같은 가문家門인 것은 아니다. 물메기와 꼼치의 이야기다.

"혼동하는 경우가 드물지 않은데, 남해안 물메기와 동서해안 꼼치는 집안이 다르죠. 둘 모두 쏨뱅이목 꼼치과 속하는 것은 같습니다만, 꼼치는 학명이 Liparis tanakai이고 물메기는 Liparis tessellayus로 다르죠. 생태나 맛은 흡사합니다만…"

어류전문가 명정구 박사의 구분이다.

가문이야 어쨌든지 두 놈 모두 다양한 별명으로 불린다. 인천에서는 아귀까지 한목에 싸잡아 물텀벙이라 부른다. 충남에서는 어감만 살짝 바꿔 '물통뱅이'다. 강원도에서는 곰치 혹은 곰이 되고, 같은 동해안이라도 영덕 등 경북 어부들은 '물곰'이라 부른다. 경남 바다에서는 물미거지 혹은 그저 '미기'라며 편한 대로 부른다.

좌 덕장에 물메기를 너는 남해 어부
우 남해 어촌의 덕장 풍경

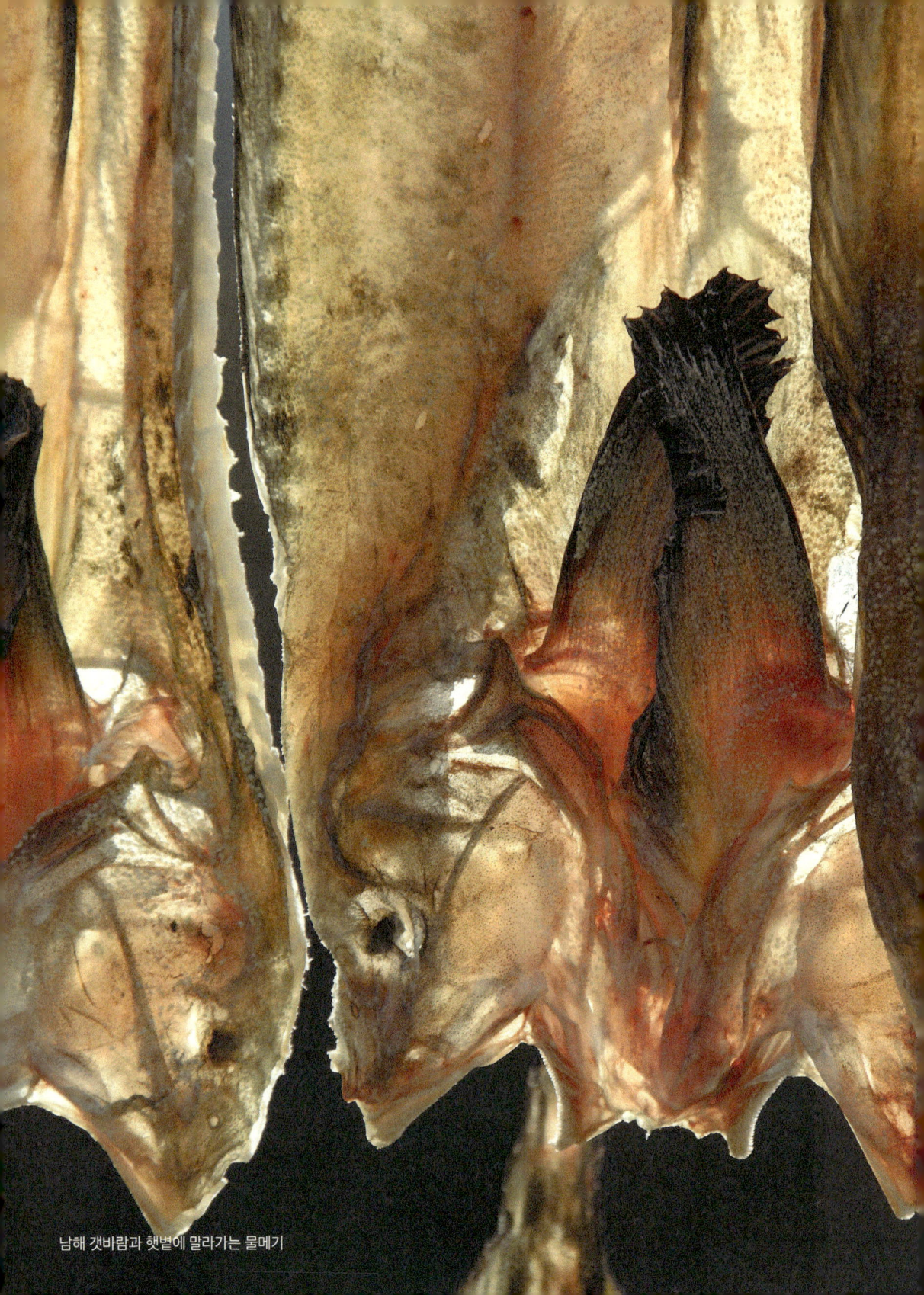

남해 갯바람과 햇볕에 말라가는 물메기

이중에서도 꼼치의 입장에서는 강원도에서 불리는 '곰치'라는 명칭에 대해 불만이 많을 듯하다. 바다 속, 굴이나 바위틈 속에 엉큼한 자세로 들어앉아 있다가 지나가던 물고기가 자기의 영역 안으로 들어왔다 싶으면 바로 살기를 발산하는 사나운 놈 곰치^{뱀장어목 곰치과}와 확연히 구별해 달라며 항변을 할 듯하다.

정약전의 『자산어보』에는 해점어^{海鮎魚}에 속하는 어류로서 바다메기^{海鮎魚}, 홍달어^{紅鮎}, 포도메기^{葡萄鮎}, 골망어^{長鮎} 등이 나온다. 이 중 속명이 미역어^{迷役魚}인 바다메기가 물메기이고, 홍달어^{紅鮎}는 꼼치일 것이라 추정하는 어부들도 많다.

"살과 뼈가 연하고, 맛은 썩 좋지 않으나, 술병에는 좋다. 상하기 전에 삶으면 살이 모두 풀려버리므로 그것이 상할 때를 기다려 먹어

대나무통발 속에 슬어놓은 물메기 알. 잘 말려서 밑반찬이나 술안주로 먹기도 한다.

야 한다"는 것도 정약전의 의견이라는데, 다소 묘하다.

서해 곰치에 대해서는 이규경이 『오주연문장전산고五州衍文長箋散稿』에 남겼다. "호남 부안현 해중에 수점이 있는데 살이 죽 같아 양로에 가장 좋다고 했다"는. 하지만, 이 책의 저자들이 통영 추도 등 경남 바다로 갔었다면 생각이 많이 달라졌을 게다. 특히 맛이 없다거나 죽 같다니 하는 표현들을 남기지 않았을는지도 모른다.

한편, 요즘은 사정이 달라졌지만 2001년만 해도 강원도와 경북지역에서는 그물로 잡아낸 꼼치를 곰치나 물곰이라 부르면서 그 물컹물컹한 살처럼 무르게 취급했다. 묵은지 숭숭 썰어 넣은 매운탕 혹은 소금만으로 간을 맞춘 맑은탕이 식탁에 올린 상차림의 전부였던 터다. 반면, 대통발에서 잡힌 노도 물메기는 가문家門이 다른 까닭인지 별나게 대접을 받는다. 특히 남해와 통영 추도 사람들은 겨울 별미라며 회로 즐기기도 하고, 불고기양념에 버무려 구워 먹기도 한다. 물론, 해장용 맑은 탕은 기본이다.

남해읍에서는 연한 살을 꾸들꾸들 할 정도로 잘 말려내 온갖 양념을 한 뒤에 쪄내 물메기찜이라 이름붙인 음식도 인기여서 한겨울 제철이면 예약 주문을 해두어야 맛 볼 수 있을 정도라 했다.

노도와 추도 어부들 앞에서 '못생겨서 버렸다던데…' 하는 세간의 말을 그대로 전할라치면 바로 '택도 없는 소리 말라'는 퉁명한 답이 돌아온다. 다른 바다 어부들에게는 한때 그 물컹물컹한 느낌이며 어찌 보면 민물 메기 같기도 한 흉물스런 모양새 때문에 그물에 올라오는 족족 버렸다던 천덕꾸러기 취급을 당했는지 모르지만, 남녘바다에서는 예로부터 겨울별미로 여겨져서 상 윗자리에 올랐다는 등등 칭찬만이 늘어진다.

겨울 추도의
물메기 덕장 풍경

물메기를 이렇게 제 대접 해주었다는 경남에서도 알아주는 것은 추도산 물메기다. 추도 어부들이 대통발로 물메기를 잡아내는 솜씨며 어획량이 우리 바다 어부들 중 으뜸이기 때문이란다. 반면, 추도 물메기가 이 나라 건어물상에서 이름을 날린 이유는 따로 있다. 추도 어부들은 제각기 덕장을 갖추어놓거나 심지어는 옥상이며 담장, 빨랫줄까지 동원하는 등 공간만 있으면 물메기를 널어 잘 말려냈다가 저자에 내기 때문이다.

"일삼아 꼼치를 덕장에서 말린다고?" 그저 생각나면 두어 마리씩 말렸다가 별미 정도로 여기며 먹는 동해안 어부들이 들으면 의아해 할 말이지만, 사실이었다. 남해군도 그렇지만 통영 추도 역시 겨울 생선 물메기가 곳곳에 지천으로 널려있어야 섬다운 겨울풍경이 완성된다던가.

12월 중순부터 이듬해 2월까지 줄곧 새벽 6시 반경에 출어해 오후 서너 시쯤 귀항하는 게 추도 물메기 잡이 어부들의 하루다. 어선 한 척당 투승가능 한 대통발은 2,500개나 추도 어부 윤성구 씨는 2,200개를 투승했다 한다.

"바다 날씨가 허용하면 매일이라도 대통발 속에 든 물메기를 거두러 나갑니다. 들어 올리고 다시 내리는 일의 반복이죠. 보통은 양력 11월부터 2월에 이르는 네 달 정

대통발 어부가 추도 포구에 부려놓은 물메기를 옮기는 섬 아낙네들

도 조업을 합니다. 이때가 물메기 산란기이기도 하죠. 하루 200마리에서 300마리 정도 잡아냅니다."

실제 대통발 어구 설치시기는 고성과 사량도·추도 내측, 추도 외측, 두미도 등 네 구역 어장에서 11월 5일부터 이듬해 3월 15일까지로 단계적으로 설치하도록 되어있다는 게 윤 씨의 설명이다.

새벽에 출어했던 어부들이 귀항, 물메기를 부려놓으면 곧바로 아낙네며 할머니들이 달라붙어 덕장에 널어놓을 수 있도록 해체작업에 들어가니 제 맛을 잃을 틈이 없다는 것이다. 어부들이 부려놓은 물메기는 대부분 공동 작업장에서 해체되는데, 이 과정 중에 내장 일부밖에 버릴 게 없다는 어종이 물메기다.

상 통영 섬, 추도 아낙네들의 물메기 할복
하 포구 한쪽의 할복장에서 물메기를 손질하는 섬 아낙네

남해며 추도 아낙네들은 먼저 물메기를 민물에 씻고 난 뒤 몸체에 칼을 넣어 아가미와 위를 떼어내 놓고, 알은 알대로 따로 간추린다. 추도의 경우, 물맛 좋기로 소문난 '산山물'을 저수조에 흘러넘치도록 받아놓고 너덧 차례의 세척까지 마쳐야 비로소 덕장에 내걸릴 수 있다.

산물이란 산에서 흘러내려온 청정 지하수다. 하여 혹자는 '추도물메기는 산물이 만든다'고도 한다. '통영시에서 인증하는 추도물메기 제품'으로 건조되기까지는 꼬박 열흘 안팎의 밤과 낮을 덕장에 매달려 매서운 겨울 섬 바람을 맞아야 하는 것이다. 이렇듯 민물에 씻고 칼질하고, 덕장에 너는 일에서 시작해, 하루에도 서너 차례는 햇볕과 바람 방향에 맞추어 이리저리 뒤집어 주어 잘 말린 뒤에야 객선에 실어 통영으로 보내니 그 과정이 보통 힘든 일이 아니라고도 했다.

같은 경남 물메기라도 건조 작업과정의 일부는 다르다. 남해군 덕장의 경우 손질을 끝낸 물메기를 널어 말리는 것이다. 움직일 수 있도록 한 간짓대에 수십 마리씩 걸쳐두고 안팎을 바꾸어주면서 속살과 거죽이 마르도록 하는 반면, 추도 어부들은 덕장에 줄줄이 박아놓은 못 두개 당 한 마리씩의 해체한 물메기 대가리 양쪽을 꽂아 두고 마르기를 기다리는 식이다.

한편, 강원 산간마을의 황태덕장을 연상케 하는 물메기덕장이지만, 건조 차이점도 있다.

황태가 눈이 오면 눈을 맞게 하고, 비가 내리면 비를 맞게 하는 '얼말림'과는 달리 추도와 남해 등 물메기덕장의 어부들은 건조 중인 물메기가 눈과 겨울비를 맞지 않도록 하늘 날씨를 살피는 것이다. 오로지 섬마을의 청정 겨울바람과 햇볕만으로 건조시킨다는 얘기다.

물메기 해체에 동원된 아낙네들이 삯

상 손질한 물메기를 덕장에 너는 추도 아낙네
중 추도 물메기 덕장 전경
하 한겨울의 추도. 섬 곳곳에 틈만 있으면 덕장이 들어선다.

좌 막 손질이 끝나 덕장에 널린 물메기
우 덕장에서 해풍과 겨울 햇볕에 얼말려지는 물메기

방파제에서 건조 중인 물메기

으로 받는 것은 생물메기라 했다. 현금보다 낫다는데, 작업 때마다 몇 마리씩 삯으로 받은 물메기를 그때마다 손질해 담벼락에 마련한 건조대는 물론, 하다못해 빨랫줄에라도 걸어 말렸다가 통영 장에 내어서 돈과 바꾸는 것이다.

아침 7시에 통영여객선터미널에서 출항하는 객선이 닿으면 사람보다 먼저 배에 오르는 게 이리 잘 말려낸 물메기 뭉치다. 뱃길로 21킬로미터를 건너간 물메기는 곧 통영 등 경남지방을 중심으로 저자에 풀린다.

한편, 이렇게 물메기가 줄줄이 걸려있어도 어촌다운 비린내는커녕 바다냄새만 풍기는 2012년 추도의 겨울. 어촌계 회의를 마치고 온 어부들이 삼삼오오 둘러앉아 술잔을 돌리고 있었다. 안주는 당연히 물메기회. 잘 익은 김장김치와 함께 먹는 물메기회였다. 겉보기 생김새와는 달리 여문 살이 씹을 만하다면서인데, 꾸덕꾸덕 할 정도로 잘 말려낸 물메기라면 요리법은 한층 다양해져 집집마다 맛이 다르다 할 정도라 했다.

좌 아낙네들이 물메기를 손질하는 동안 대충 썰어낸 물메기 회를 안주로 막걸리를 마시고 있는 추도 어부들
우 강원도 삼척의 겨울별미 곰치국

온갖 그물에 다 걸리는 동해 꼼치

동해안 꼼치는 자망바리 어부들의 그물에도 걸려 올라온다.

부러 꼼치를 잡자고 넣은 그물이 아니라 명태를 잡자고 드리워놓았던 자망에도 걸리고, 덩치답지 않게 도루묵 자망에도 맥없이 걸려 올라온다. 고성 등 강원도에서 어부들의 자망바리 어선에 동승했다가 명태·도루묵 대신 잡혀 올라오는 놈 여럿 봤다. 한겨울 바다에서 꼼치를 올리는 어부들의 표정은 '심봤다'다.

남해 대통발 어부들의 말과는 달리 통발에도 걸려들고, 동해구기선저인망 어선 그물에도 잡혀 올라온다. 동해구기선저인망 어선에서는 승선어부들이 원하는 도루묵 대

양양 남애항에 부려진 곰치. 물메기에 비해 덩치가 크다

서천 홍줄항 어판장에 부려진 물메기

신 어린 꼼치가 그물 그득한 일도 있었다.

　방류고 뭐고 그물에 끌려 다니며 이미 떼죽음을 당한 놈들이어서 그대로 다시 바다에 투기되는 현실이 안타깝기만 했다.

　한해 전 겨울, 꼼치축제 판을 벌렸는데, 막상 어부들의 그물에 꼼치가 걸려들지 않았다. 찾아온 관광객들은 도루묵만 구워 먹어야 했다. 드물게 잡힌 꼼치 한 마리당 위판가가 10만원이 넘었으니 두 말할 필요가 있는가. 서민들에게는 그림의 떡이라 느껴졌기 때문이요, 그 이유가 되었음직한 현장에도 내가 있었으니 더욱 안타까웠다.

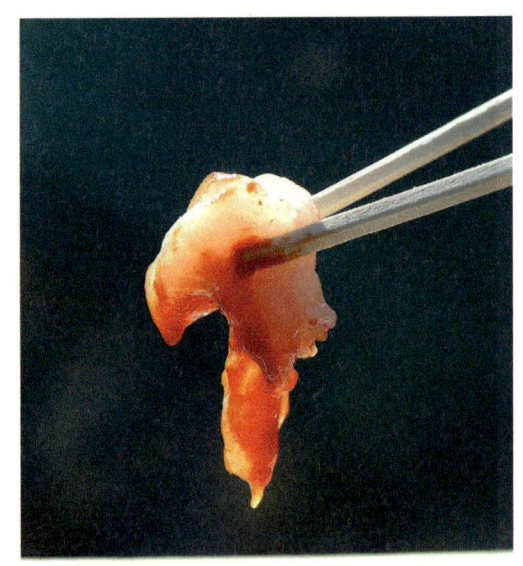
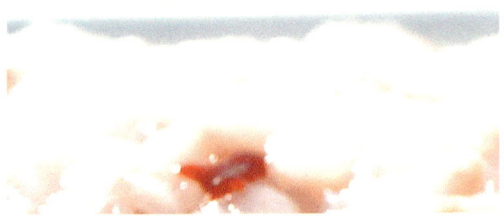

목호항에서 맛본 곰치회. 생각보다 물컹거리지 않는다.

겨울

17

꼬막

벌교 갯마을 아낙네들의 애물단지
꼬막과 뻘배

한가위가 지나 갯가에 찬바람이 넘나들면서 꽉 다문 꼬막조가비 안에 속살이 들어차기 시작 했다는 소문이다. 태백산 자락엔 억새가, 벌교 천가엔 갈대가 한창일 때면 비로소 제 맛이 드는 꼬막이다. 들어찬 속살이 거의 조가비 크기와 엇비슷해지는 그 무렵, 장암 등 벌교 아낙네들의 '징한 갯살이'가 본격적으로 시작된다.

장암 아낙네들의 갯살이에 없어서는 안 될 게 뻘배다. '배이자 기계이기도 한데, 다시 보면 애물단지'라며 흘겨보는 장암 아낙네들인데, 이들에겐 꼬막도 마찬가지라 했다. 캐낼 때는 이만저만한 애물哀物이 아니지만, 막상 갯벌에서 나와 전표로 환산될 때는 생각이 달라진다니 애물愛物로 변한다는 거다.

하필이면
추울 때 캐내는 꼬막

이 나라 갯벌이 해마다 줄어들 듯, 갯벌에서의 전통어업 역시 점차 그 자취를 감추어 가고 있다. 하기야 뭍이나 마찬가지로 메말라버린 갯벌에서 무엇을 잡아낼 수 있을까만.

출어하는 아낙네들. 벌교 장암 아낙네들은 90년대 초반까지도 뻘배를 타고 어장까지 오갔다.

본디 갯벌에서의 전통어업이란 맨손으로 갯벌 거죽을 훑어가며 온갖 갯것을 잡아내는 이른바 도수어업이 원조일진데, 여기에 조금 더한다면 호미를 들고 나서거나, 조세로 갯벌 사이사이 솟아오른 갯굴을 쪼아내는 게 고작이다.

이런 대부분의 갯마을에 비하면 꼬막잡이 벌교 아낙네들이나, 순천만 갯벌을 헤집고 다니며 갯것을 잡아내는 아낙네들이 애용하는 뻘배를 두고 '전통 운운하기에는 뭣한 게 있다'던가. 그만큼 과학적이고, 여러모로 쓸모가 많은 현대적 어구이기 때문이라는데, 이는 벌교 아낙네들의 꼬막잡이 현장을 눈여겨보면 고개가 끄덕여진다.

물때와 어물전 꼬막금만 맞으면 연중 언제라도 할 수 있는 게 벌교 아낙네들의 꼬막잡이라 했다. 그러나 품값만 바라보고 덜 여물어 조가비 속살은 겉돌고 제 맛조차 나지 않는 꼬막을 잡자고 오뉴월·칠팔월 볕 아래에 나가는 일은 썩 달갑지 않다는 이들이 바로 벌교 아낙네들 아닌가.

'기왕지사 뻘투성이가 될 거라면 벌교꼬막 이름에 걸맞은 겨울 꼬막 잡이라야 뻘배 밀고 다닐 힘이 난다'고도 했다. 애물단지 운운하던 때와는 사뭇 앞뒤가 맞지 않는듯하나 수긍 못할 바는 아니다. 기온이 급격히 떨어진 지난 2000년 11월 중순, 6년 만에 다시 찾아간 장암 포구에서 들은 말이니 물때를 기다리며 양지에서 해바라기 하며 수다를 떨던 아낙네들로부터다.

오전 11시, 작업선 선장이 몰고 온 트럭 짐칸에서 내린 아낙네들까지 합세하자 너나없이 일어나 막 시동을 건 어선에 올라탄다. 배 위에 남정네라곤 선장과 내가 전부다. 이물고물 할 것 없이 틈을 비집고 앉은 아낙네들은 맞부딪쳐 오는 바람을 피하느라 서로 몸을 붙인 채 한껏 웅크리고 있다. 대부분 60대 이상, 할머니 소리 심심찮게 들어봤을 아낙네들이니 손님이랍시고 선실에 있는 게 민망함에 은근슬쩍 끼어 앉았다.

세상사 바뀌는 게 어디 갯벌뿐일까만, 장암 아낙네들의 이런 출어 모습도 6년 전과는 달라진 것 중 하나여서 새삼스럽다. 90년대, 어선에는 몇몇 남정네들만 배를 타고 먼저 어장으로 나섰다. 아낙들이 캐낸 꼬막을 받아 올린 뒤 이를 크기별로 선별하고 세척작업을 맡아할 어부들이다.

썰물이 되어 배가 뻘 위에 얹혀 어장까지 나가지 못할 수도 있기 때문에 서둘러 나가야 한다 했다. 아낙네들은 그 뒤에도 한참동안 해바라기를 하며 몸을 덥히다가, 갯벌 바닥이 드러날 즈음에야 몸을 움직이기 시작했었다.

바닷물이 완전히 밀려나가고, 뻘 위에 물기가 남아 반짝거릴 때 비로소 제각기 뻘배에 올라탄다. 이윽고 꼬

조업을 마친뒤 뻘배를 타고 귀가하는 벌교 장암 아낙네들

좌 2000년대 들어서는 배를 타고 어장까지 나간다. 조업 전에 도착한 배위에서 점심식사를 하고있는 장암사람들
우 속옷 위에 단단히 챙겨 입는 것은 방수방풍용 비닐포대였다.

막어장을 향해 경주를 하듯 수십 명이 일제히 뻘배를 밀고 나가고는 했던 아낙네들의 그 출어 모습이 장관이었으되, 이제는 어장까지 배를 타고 나간다니 격세지감이다.

　어선이 포구를 떠난 지 30여분 뒤, 바다 한가운데 정박시켜놓은 '작업뗏마'에 도착했다. 뗏마에는 이미 두 명의 남정네와 인원수만큼의 뻘배가 아낙네들을 기다리고 있었다. 작업선 주변에 뻘 바닥이 드러나기 전 식사를 하는 모습도 달랐다. 반찬이라고는 달랑 꼬막 삶은 것만 있던 6년 전과는 달리 손 빠른 아낙이 마련한 반찬은 돼지고기 볶음에 쌈배추, 조기매운탕까지, 남도의 웬만한 백반집과 진배없다.

　배 위에서 식사를 마친 아낙네들은 누가 뭐랄 것 없이 각자의 보퉁이를 풀어 마련해 온 작업복으로 갈아입는다. 그 추위 속에서도 웃옷을 홀홀 벗더니 속옷 위로 비닐포대부터 뒤집어쓴다. 머리와 두 팔이 들어갈 세 개의 구멍이 뚫린 질긴 재질의, 비료가 담겨있던 비닐포대도 있고 건어물 담겨있던 푸른색 대형 비닐포대도 있다. 곧 갯벌투성이가 될 하체야 어쩔 수 없고 윗몸이라도 갯바람으로부터 막아내자며 고안해낸 방한방풍대응 '갯마을표 속곳'이라며 눈 마주친 할머니가 우스개를 했다.

조업을 마치면 양지바른 곳에 뻘배를 기대놓고 건조를 시킨다.

좌 뻘배는 탈것이자 어로도구도 된다. 한쪽에 기계를 걸고 이를 밀어가며 갯벌을 헤집는 뻘배 아낙네
우 물이 많이 빠지지 않은 곳에서는 기계 채로 바닷물에 담궈가며 꼬막을 세척한다.

"우리 나이에 스타킹 신은 여자 봤능감?"

곁에 있던 지긋한 나이의 아낙네가 스타킹을 신으며 농을 건다. 한 겹이 아니라 몇 겹의 스타킹이다.

뻘배 작업이란 게 작업 내내 두 다리는 뻘 속에 넣고 있어야 하는 것이다. 그 아낙네처럼 주변에는 그저 몇 겹의 스타킹만 겹쳐 신은 이가 대부분이다. 나이가 젊을수록 넓적다리까지 올라오는 얇은 장화를 겹쳐 신거나 아예 가슴까지 덮어주는 방수작업복을 덧입은 아낙네도 있으나 뒤에 들은 얘기로는 초보란다. '진짜 선수'들은 오로지 스타킹만 신는다 했다. 찰진 갯벌에서 뻘배를 밀거나 이동하려 발을 빼낼 때 고무장화 등은 스타킹 발에 비해 한결 힘들다는 것이다. 보온에서야 뒤처진다지만, 펄에 들어가 작업할 때는 장화보다 한결 나은 게 맨 다리에 검정스타킹이라는 거다.

뻘배를 갯바닥에 내려놓은 아낙들은 뻘배 한쪽에 기계를 채우고 어장인 갯벌을 향해 나간다. 스타킹을 덧신었든 방수작업복을 입었든 종아리까지 달라붙는 벌교 펄은 보통 찰진 게 아니어서 뒤로 밀쳐내자면 여간 힘에 부치는 게 아니라 했다.

체중의 반 이상을 실은 한쪽 무릎은 '또가리^{따리}'에 올려놓고 남은 한 발만 펄 속에 박아 넣은 채다. 천 쪼가리나 짚을 틀어서 만든 또가리 역시 고심한 태가 나는 도구다. 구

기계를 수시로 세워서 잡은 꼬막을 덜어낸다.

부리면 더욱 튀어나오기 마련인 무릎 뼈를 또가리 한가운데 뚫린 구멍 안으로 들여보내니 장시간 이어지는 갯벌작업 때 통증이 한결 덜하다 했다.

장암 등 벌교 아낙네들이나, 순천·고흥 등 남도갯벌을 헤집고 다니는 아낙네들이 쓸모가 많다며 애용하는 이 뻘배는 볼수록 신통방통하다. 이런 뻘배는 뻘썰매라거나 널배 등등 마을에 따라 불리는 이름도 다양하다.

우리 갯마을 사람들이 이용해온 역사 또한 오래전부터인데, 줄잡아 200년 이상 전해오고 있다는 게 벌교사람들의 주장이다. '물론, 내려오는 문서 따위도 없고, 이런 얘기에 흔히 들추어지는 옛 서책에도 뻘배에 대해 남겨놓은 내용은 없다. 그저 입에서 입으로 전해온 이야기일 뿐'이라는 거다.

"벌교 시어미가 이웃 남도 갯마을에서 시집온 며느리에게 대물림을 해주고 다시 대물림하기를 몇 차례쯤 했으니 보자, 어림잡아 200년은 되겠제?" 하는 게 벌교 사람들의 뻘배 전승역사 계산법이다.

예나 지금이나 뻘배는 아낙네의 바깥양반이 나왕목을 써서 만들어주는 게 예사다. 모양새가 제각각일 것 같으나, 장암마을 뻘배는 맞춘 듯 엇비슷하다. 그 길이가 2.5미터 안팎에 너비는 50센티미터를 넘지 않게 하는 게 기본이라고도 했는데, 이 역시 누가 만든 '기본'인 줄은 아무도 모른다. 지역에 따라 뻘배 혹은 뻘썰매라고도 불린다는데, 명칭이야 어떻든 대부분 몸체 앞쪽이 살짝 들린 고무신 마냥 생겨있다. 꺼끌꺼끌한

물뻘에서의 작업이 편리한 것은 꼬막을 헹굴수 있기 때문이다.

굴이며 조가비에 걸리더라도 쉽게 헤쳐 나갈 수 있고, 갯벌 거죽을 미끄러져 나갈 때에도 저항을 덜 받도록 고안한 것이리라.

뻘배 자체 무게만 따지면 10킬로그램 안팎이다. 그러나 한쪽에는 기계가 걸쳐있고, 널 위에 웬만한 몸피의 아낙네가 올라타는데다가 잡아낸 꼬막 무게까지 합한다면 80~90킬로그램은 족히 될 터이니 뻘배 말고는 갯벌 위에서 그만한 무게를 감당할 탈것이 마땅찮을 듯하다.

그런즉, 썰물 때라도 바닷물이 남아 갯바닥이 촉촉하게 젖어있어야 그나마 이동하기 쉽다 했다. 물이 적게 빠지고 적게 드는 조금 때나 가뭄 등 이유로 햇볕에 갯벌 거죽이 말라버린 경우라면 뻘배를 바닷물 속에 담가두고 속속들이 갯물이 배어들게 해야 작업이 가능하다는 얘기다. 갯마을마다 뭍에서 민물이 유입되거나 바닷물이 그중 늦게 밀려나가는 갯골을 따라 뻘배의 이동로가 만들어지는 이유다.

아낙네들이 뻘배에 올라타고 꼬막잡이를 위해 이동할 때는 몸무게의 삼분의 이쯤

잡는 이도 있고 덜어내거나 꼬막을 운반하는 이도 있다.

은 한쪽 무릎에 옮겨 배판에 올려놓고, 나머지 한쪽 다리에 무게를 주면서 오로지 근력으로만 펄을 뒤로 밀치면서 전진을 시키는 게 요령이라던가.

이리저리 촬영하다보니 기왕 갯벌투성이가 된 김에 보고 들은 대로 하나 남은 뻘배를 타고 어찌 해보려다가 갯벌 위에서 오지도가지도 못하는 신세가 될 뻔했다. 갯벌에 내린 오른쪽 다리에 아무리 힘을 줘도 뻘배가 나가기는커녕 점점 찰진 갯벌 속으로 파묻히고 있었기 때문이다. 결국 75세 할머니가 내가 탄 뻘배 앞에 줄을 매달아 끌어준 덕에 물고 늘어지던 갯벌에서 겨우 나올 수 있었으니 보통 민폐가 아니었다.

"이건 한이 깊어야 탈 수 있지, 암. 우리 맹키로 가슴 속에 맺힌 한이 없으면 한 발짝도 나가기 에려워"

내가 탄 뻘배에 묶었던 줄을 풀며 할머니가 하는 말인데 절로 고개가 끄덕여진다.

좌 애써 잡아낸 꼬막을 운반선까지 가져가는 아낙네
우 새참시간 각자의 뻘배 위에 앉아 나누어준 빵과 우유로 허기를 달랜다.

대만에도 가슴에 한을 가진 사람들이 많았을까, 뻘배는 바다 건너 대만 갯벌에서도 행해지는데, 대부분 남자라는 게 우리 갯마을과의 차이점이랄까.

한편, 막상 꼬막 채취를 할 때면 요령이고 뭐고 사정이 달라진다. 오로지 근력만 필요한 것이다. 기계는 오른손잡이냐 왼손잡이냐에 따라 뻘배의 좌·우측에 설치하도록 되어 있고, 갯벌에 내려선 아낙네들은 뻘배를 길이가 아니라 기계와 사람이 알파벳 T자의 모양새로 위치하게 한 뒤에 뻘배를 세로로 밀고 다녀야하기 때문이다. 게다가 기계에 달린 수십 개의 쇠갈퀴는 진행방향으로 날이 휘어있음에 더더욱 용을 쓰게 만든단다.

여러 개의 가는 쇠갈퀴를 촘촘하게 잇대어 나무판자에 붙인 어구가 기계다. 그 촘촘한 날과 날 사이에 갯벌 속에 들어앉았던 꼬막이 걸려드는 것이다. 날과 날 사이의 간격은 딱 상품가치가 있는 크기의 꼬막과 맞춤하다.

뻘배 모양새 그대로 길이로 밀면 당연히 힘이 덜 들어가겠지만, 좁은 면적에 이런 기계를 달아봐야 펄 속에 든 꼬막을 몇 마리나 캐내겠는가. 하여 좌우측 한쪽에 길쭉한 기계를 달고 이를 밀어대자니 작업이 끝나면 뼛속 진까지 다 빠져나간듯하다는 게 벌교 아낙네들의 꼬막잡이였다.

장암 아낙네들이 뻘배를 타고 훑고 다닌 흔적이 갯벌 거죽에 고스란히 남아있다.

상 잡아내는 것은 개별작업이지만, 재방류를 위한 크기별 꼬막선별은 공동작업이다.
중 선별이 끝난 꼬막은 운반선으로 옮기고 물이 들때까지 기다린다.
하 상품 크기에 미달되는 꼬막은 갯벌에 다시 방류한다.

이렇게 한참을 밀고 다니다가는 허리도 쉴 겸 기계 날에 걸린 뻘투성이 꼬막을 이리저리 까불다가 뻘배 위에 놓인 함지박 안으로 털어내는 것이다. 이 동작을 반복하다 함지박 그득 꼬막이 들어차면 작업선에 부려놓고 다시 뻘로 돌아와 채취작업에 몰두한다. 그 작업시간만 평균 다섯 시간 안팎이라니, 이 나라 갯벌작업 중에 고되기로 치면 따라올 일이 없을 듯하다.

벌교 꼬막잡이 아낙네들이 뻘배를 타고 갯벌을 오가는 모습이나, 조업을 하느라 갯벌투성이가 된 모습을 본 타지 사람들이 벌교 갯마을 총각이라면 손사래까지 치며 딸 주기를 꺼려했을 정도라던가.

"아, 요즘은 캄보디아나 베트남처녀도 시집을 안와. 방글라방글라데시처녀도 싫다하고 몽골처녀도 고개를 외로 꼰댜. 뭔 자랑거리라고 우리 뻘일하는 걸 '테레비'에 자꾸 비쳐 싼께 그 고된 걸 눈치 챈 동남아처녀들이나 몽골처녀들이나 우리 마을로 시집올 생각을 하겄냐고?"

새참시간에 작업선 곁에 모여든 나이 지긋한 할머니가 내가 들고 있던 카메라를 가리키며 하는 말인데, 웃자 하는 소리만이 아니라 했다. 갯마을 아낙네치고는 수입이 웬만하지만, 일이 고되니 한마을 청년들이 몽달귀신 되기 십상이라던가.

안된 마음에 얼른 말머리를 돌렸다.

"생각? 아, 고된 뻘일함시롱 뭔 생각하며 하겄소? 휘뚜루마뚜루 한없이 밀고 이리 갔다 저리 갔다 하능거제. 하냥 밀고 가다 보면 툭툭 하고 꼬막 걸린 촉감이 와. 글쎄? 그거나, 그 툭툭 오는 촉감이나 헤아릴까나?"

새참이라야 동네 가게서 사온 보름달 빵과 우유 한 팩이 전부다. 그런데도 참으로 달게 먹던 지긋한 아낙네가 답해준 말인데 '오는 촉감을 센다'는 말은 나 같은 책상물림은 절대 하지 하지 못하는 표현이다.

반면, 작업선 위에 올라앉은 남정네들은 소주를 마신다. 돼지머리편육과 한해 묵혔다는 김장김치, 손 빠른 어부가 미끼 없는 공갈낚시로 잡아낸 망둥어회까지, 이른바 '벌교갯벌삼합'이라던가. 출어할 때 선실에서 봤던 검은 비닐봉투 속에서 냉기를 뿜어내며 묵직하게 들어있던 게 얼려두었던 돼지머리편육이었던가 보다. 육식 좋아라하지 않아 손사래 치는 내겐 소주잔에 이어 삶아 식힌 꼬막을 한 움큼 건네준다.

선장 말로는, 6년 전에 비하면 '구조조정'이 되었을지언정 남정네들의 작업 역시 한결 편해졌다던가. 펄에서 작업선까지 컨베이어 벨트를 설치하고 자동 세척이 되는 기계장치까지 얹혀놓은 덕이다. 그 반면 작업인원수는 예전에 비해 삼분의 일 수준으로 줄어서 지금 이 세 명이 전부라 했다. 곁에 있던 승선어부가 '실은 구조조정이 아니라 세상을 떠났거나 병중에 있는 거고, 그 때문에 억지춘향으로 들인 자동장치들'이라고 귀띔해준다.

"어려워! 허벌나게 어렵제, 꼬막 다루는 일은. 보통 까다로운 게 아니랑게. 다른 조개들은 거죽이 반들반들하니 한 번 세척해 주면 되지만, 잘 이은 기와지붕의 기왓고랑

마냥 골이 올록볼록 깊게 패 있고, 그런 골마다 기와처럼 칸이 그어져 그 틈으로 펄이 속속 들어박히께 몇 번씩이나 되풀이해가며 씻어내야 하는 거제."

선장의 설명인데, 꼬막 속살만큼은 어느 조개보다 말끔하다. 속살을 부러 꼭꼭 씹어 봐도 해감 잘 시킨 조갯살인양 삼킨 뒤에도 혀에 남는 이물감 없이 말끔하니 더없이 좋다.

들물 때가 되자 저마다 뻘배 앞머리를 작업선을 향해 돌린다. 출어할 때와는 달리 완전히 기운이 빠진 모습들이다. 서둘러 배에 오른 아낙네 몇은 역시 재빠른 손길로 또 한 번의 새참을 준비한다. 살짝 말린 가자미와 야채로 매운 회무침을 마련하고 소주까지 내온다. 그런 가자미 회무침 몇 젓가락과 소주 한 잔으로 입맛을 다신 아낙네들은 재빨리 옷을 갈아입는다. 영하 2도지만 이미 해가 기운 갯벌 위에서 느껴지는 체감 온도는 육지와 달리 급속도로 떨어지는 것이다.

"오늘도 벌교 찰진 뻘 덕에 5만원 벌었네."

늙수그레한 아낙네가 선장으로부터 전표를 받아 주머니에 챙기며 하는 말이다. 채취량이 정해진 게 아니라 각자 능력껏 작업을 하되 최고 일당은 5만원 정액으로 정해져 있다 했다. 그럼에도 본인 채취량 얼추 마쳤다고 작업선으로 되돌아오는 이는 없다던가. 손이 더디어 정량을 맞추지 못하는 이도 있으니 자신의 넘치는 꼬막을 채취정량 모자라는 이에게 보태주기 위해서다. 하여 작업 나온 아낙네들 일당은 너나없이 5만원이 되는 것이다.

"살다보니 벨일이 다 안 있소? 똥꼬막^{새꼬막} 꼬메^금 벌교꼬막이 뒤쳐지는 날이 올 줄 어찌 알았겠소. 참으로 벨일이제. 2000년 초 중국 수출길이 딱 막혀 버리면서 값이 떨어지기 시작했제. 똥꼬막은 반대로 일본으로 수출되면서 값이 오른 까닭이고. 요즘엔 거꾸로 중국산이 들어온단 소문도 있으니 이게 뭔일이래? 중국에 수출할 때부터 중국 수입상들이 우리 꼬막치패를 엄청 탐내긴 했지라. 뻘 빠진 것들이 푼돈에 넘어가서는 쉬쉬하며 치패까지 꺼주다가 이 사단이 난겨."

세척이 끝난 꼬막자루를 운반선 진덕호로 옮기며 하는 남정네의 탄식이다. 중국 사람들은 유달리 꼬막을 좋아해 지난 90년대 말까지만 해도 고가로 수출선에 실려 가는 등 '벌교펄 효자 노릇은 꼬막이 도맡아했다고도 덧붙인다.

한편, 벌교 갯마을 사람들은 이렇듯 효자 노릇하는 꼬막을 베풀어주는 갯벌에 대해 정성을 드리는 일도 게을리 하지 않는다. 벌교읍에 드는 대포리 어부들이 정초에 마련하는 갯제도 그런 정성 중 하나다.

갯벌에 올리는 정성, '갯제'

한 해가 지나도록 별일이라고는 생길 것 같지 않은, 그저 남도에 흔한 펄 반, 물 반의 갯마을 중 한 곳이 대포리다. 물때에 맞추어 펄과 바다에 나갔다가 해질 무렵이면 곤한 몸

오랫동안 대포리풍물패를 이끌어 온 김명곤 상쇠

을 이끌고 집으로 돌아오곤 하는 이들에게 따로 무슨 별일이 있겠는가. 밤새 안녕인 게 요즘 세상살이이고 보면, 대포리의 이런 모습은 썩 다행한 일이라 여겨질 수도 있겠다.

이리 평탄하던 대포리 마을에 해가 바뀌어 정초가 되면 한바탕 북새통이 일어나곤 한다. 펄과 바다에 기대어 사는 이 마을사람들이 열두 당산에 올리는 '갯제' 준비 때문이다. 당산제만굿 혹은 갯귀신제라고도 불리는 이 갯제를 잘 치러야 3월부터 시작되는 한 해 바다농사 곧, 꼬막이며 맛조개잡이 같은 갯일이 수월하게 풀린다는 믿음에서 비롯된 일이다. 벌써 100여 년이 넘게 전해오는 이 마을 특유의 갯벌민속이랄까.

어한기라 하여 제 볼일만 보는 이들 없이 모두가 일손 보태기에 나서는 게 대포마을 사람들의 대물림이라 했다. 마을회관 안에서 부녀회 아낙네들이 젯상에 올릴 음식 마련이며, 손님대접을 위한 음식을 만드느라 애쓰는 동안, 남정네들은 제물로 바칠 돼지를 잡아 뒤처리까지 끝낸다. 서둘러 익힌 돼지내장을 안주로 몇 순배 돈 막걸리에 얼큰해진 남정네들은 회관앞마당으로 나간다. 오랜만에 잡아보는 징 장구 같은 악기를 손과 귀에 익히느라 제각기 소리를 내다가 상쇠가 내는 징소리에 저절로 합이 맞춰지면서 이윽고 장단이 된다.

간혹 호기심 반 장난기 반으로 삼사십 대 '젊은이'들이 은근슬쩍 끼어들어 소리를 내보다가 뜬금없이 튀는 소리 탓에 핀잔을 받기도 한다. 그들이 놀란 시늉을 하며 풍물패로부터 물러나는 척할 때마다 좌중에서 박장대소가 터진다.

"세월 많이 좋아졌지. 그 옛날 우리가 쇠를 배울 때 저렇게 소리가 틀리면 머리통 위로 꿀밤이 날라 오거나, 북채로 맞아 뒤통수에 주먹만 한 혹을 달기 예사였어. 요즘은 옆에서 '징 잡아라, 장구 잡아라' 사정 조로 청해도 못들은 척이라. 쇠귀신처럼 꿈쩍도 안햐. 우리 배울 땐 악기 한 번 만져보려고 가생이에 껴 앉아서 눈치코치 보다가는 매구꾼 패들이 밥을 먹을 때 그 뒤로 살그머니 돌아가서 살짝 두드려보는 정도였지. 굿패들의 양어깨가 한껏 치켜 올라갔던 시절의 얘기들이야…"

상쇠 김명곤 씨가 숨 고르며 하는 말이다. 당시 나이 71세, 세월을 못 당하겠는지 잠시 매구꾼 패에서 벗어났던 그이는 '그나마 갯제가 오늘까지 이어지는 것만 해도 천만다행'이라며 쇠를 고쳐 잡는다. 그 '우리'의 마지막 세대는 평균 60세가 넘는 매구꾼들

좌 갯벌에 문안하고 당산으로 향하는 대포리풍물패
우 나발을 불어 마을사람들에게 선창제를 알리고 있다.

임에랴.

한편, 대포리 갯제는 제의로서의 엄격함이 살아있는 동시에 마을축제로의 화기애애한 분위기가 여전한 놀이판이라 하겠다. 그 엄격함은 제의 3일 전에 이미 끝내놓은 마을 진입로에서 고샅길이며, 갯벌에 이르기까지 곳곳에 빠짐없이 등장하는 금토禁土와 외로 꼰 금줄에서도 묻어난다. 특히, 당주 댁은 금토에 금줄도 모자란 듯, 아예 출입문 위로 이중삼중 포장까지 둘러쳐 막아놓고는 제의에 필요한 물건을 건네거나 받을 때에도 일체의 대화 없이 틈서리를 통하는 정도다.

이런 일은 이미 섣달 그믐날의 '날받이'에서 비롯된다. 굿날을 받고 생기 복덕과 그간의 대소사 등을 포함하여, 제의의 전 과정을 책임질 제관堂主과 헌관獻官 축관祝官 득주得主 등을 선출하는 이날, 마을 사람들의 동정은 물론, 각 집안의 웬만한 대소사 정보까지 샅샅이 교환되기 때문이다.

더불어 이날은 '정월 초하룻날부터 갯제가 끝나는 날까지 마을 안에서의 출산 금지와 행여나 상을 당해도 그 시신을 즉시 산으로 옮겨야하며, 상가에 모실 수 없다'는 것 등등 전래의 마을 금기사항을 다시 한 번 확인하는 자리도 되는 것이다.

상당제가 치러지는 당집 앞에서 쇳소리를 울려 신고식을 하는 대포리풍물패

그 엄격함은 자정 이후에 행해지는 온 마을의 통행금지로 절정을 이룬다. 득주집 대신 마을회관에 모인 매구 패는 들당산·날당산·샘굿까지 연이어 치고는 주민들과 함께 먹자 판, 놀자 판을 벌인다. 자정이 가까워 올 무렵 제각기 집으로 돌아가면 집안에 묶어둔 개들조차 짖지 못하게 단속을 해야 하는 것이다.

이윽고 자정이 넘어서면 나발수가 골목골목을 다니며 나발을 불어 마을 진입로는 물론 안길에 일체의 사람이나, 가축의 통행까지 삼가게 한다. 이와 함께 마을이장은 '열두채굿은 끝났고, 당산제가 시작될 것'이라는 내용의 방송을 온 마을에 흘려보낸다. 이후, 보태어 말한다면, 집집마다 불을 끄고 숨소리마저 죽여야 할 정도라는 얘기다.

이 나발소리를 들은 당주부부는 당샘에 가서 다시 한 번 찬물 목욕을 한다. 그리고 새벽 두시쯤, 당주부부는 축관 헌관과 함께 정성껏 마련한 제물을 올린 제상을 들고 해안가의 상당으로 가서 제를 올린다. 이 상당제는 오로지 제관들만 참여하는 것으로 정해져있다.

이튿날 해 뜰 무렵, 어촌계장과 마을 이장이 당산에 오른다. 당산할아버지와 당산할머니께서 상당제를 잘 받으셨는지 살펴보기 위함이란다. 이때 짚 위에 헌식했던 제물이 없어졌으면 당신들이 제사를 잘 받아 잡수신 것으로 인정하고, 만일 그대로 있다면 좋지 않은 조짐으로 여기나, 이 역시 마을사람들에게 공개하는 것은 아니라 했다.

곧이어 날이 완전히 밝으면, 몇몇 남정네들은 벌교 고깃간에 미리 맞추어 둔 '소 한 마리'를 찾으러 간다. 진짜 소 한 마리가 아니라, 우두牛頭와 가죽, 다리 네 개

소 한 마리라 여기는 제물을 담은
헌식끄렁치를 들고 갯벌로 내려서는 대포수

와 꼬리까지 맞추어 오니 소 한 마리라 여기는 것이다. 이는 헌식 때 꼭 들어가야 할 제물이라 했다. 이들이 차를 몰고 떠나면, 매구 패들은 악기를 찾아들고 다시 마을회관으로 모여든다. 본격적인 갯제가 시작될 참이다.

상쇠와 도포수며 포수 등 제각각 맡은 역할에 따라 총을 들거나, 알록달록한 복장을 갖춰 입은 이들과 매구 패들은 제각기 든 악기를 두르려 소리를 내며 마을 큰길을 따라 포구로 올라간다.

선창굿과 뱃굿 차례인 것이다. 뱃굿에서 굿청으로 쓰이는 어선은 선주가 당해에 삼재가 들었다거나 혹은 운수가 썩 좋지 않을 때 액막이까지 곁들여 하는 만큼 신청이 있을 때만 하고, 마땅한 이가 없을 때에는 방파제를 돌며 선창굿만 논다.

선창굿이며 뱃굿 자리에서 음복까지 끝낸 매구 패는 당산으로 몰려가서 당산굿을 논다. 당산은 바닷가와 인접해 있다. 당집을 상당, 그 아래 공터를 하당으로 여긴다. 하당에는 따로 당집이 없고, 굿을 올릴 때마다 차일을 치고 하당이라 대접하는 것이다.

당산굿을 논 뒤에 일행은 우물가로 몰려가 샘굿을 친다. 샘굿을 올리는 우물은 이 마을에 상수도가 설치되기 전인 지난 93년까지, 대포리 100여 호 사람들에게는 젖줄과도 같았다니 어찌 굿을 올리지 않을 수 있겠는가. 이런 샘굿이 끝나갈 때면 얼추 저녁 식사 시간이 된다.

아낙네들은 서둘러 집으로 돌아가 식구들의 저녁준비를 하지만, 매구 패 등 남정네들은 대부분 마을회관에 자리를 잡는다. 굿 열기가 식지 않았기 때문이다. 이들은 제주를 나누어 마시기도 하고, 때로는 '동백아가씨' 같은 유행가를 목청껏 부르며 도제 전까지 한데 어울려 논다.

이 무렵 몇몇 남정네들은 상당 아래 공터, 작은 당산^{하당}에 도제를 위한 임시 도제당을 만든다. 갯가와 면한 공터 한 쪽 귀퉁이에 차일遮日을 쳐서 간소하게 마련하는 것이다.

땅거미가 질 때까지 시간을 보내던 이들은 온 마을에 불이 들어올 무렵이면 바로 마당밟이를 위해 당주집으로 간다. 당주집에 늘여두었던 금줄은 이미 거두어진 다음이고, 헌식을 위한 제수도 봉해진 뒤다.

'소 한 마리'로 여기는 헌식 제수를 봉할 때는 우두牛頭와 다리 네 개의 고기를 발라내고 뼈만 간추린 뒤에 짚으로 엮어 만든 주머니에 담아놓는데 이를 '헌식끄렁치'라 한다.

당주부부는 악기소리를 내며 들어오는 매구 패를 반갑게 맞아들인 뒤에 떡이며 술 등 제사음식을 잘 차려 대접한다. 잠시 후, 도포수에게 헌식끄렁치를 들게 한 당주부부는 제사상과 제물을 받들면서 굿패와 함께 당산께로 나선다. 도제를 올릴 시간인 것이다. 이때 완전히 어두워진 해안도로를 따라 행렬의 앞을 밝혀주는 것은 횃불이다. 참여 마을사람들은 저마다 짚으로 만든 횃불을 들고 나서는 것이다.

유교식으로 진행되는 도제에는 네 개의 상을 마련한다. 당산할머니와 당산할아버지 그리고, 지신상地神床이요, 나머지 상은 그 옛날부터 당산제에 공을 들여오다가 세상

도포수가 어깨에 맨 헌식끄렁치는 갯벌에 던져진다.

을 등진 마을 선조들을 위한 제상이다. 물론, 이 제상들마다 빠지면 안 되는 음식이 있으니 바로 '제사꼬막'이다.

한 시절에는 정성을 들일 마음이 있는 이들은 누구나 제사꼬막 올린 상을 차려 나오기도 했으나, 세월이 흐르면서 지금의 형식으로 굳어졌다던가. 이때 헌관이 소지를 올리는데, 이장이며 어촌계장 등 마을 지도자들을 위한 것을 먼저 사른다. 이어서 어부들에게는 풍어기원을 마을주민 모두에게는 안녕과 무사는 물론이요, 외지로 돈벌이를 나간 이들을 위하는 내용을 담고 있는 소지도 따로 올리는데 이를 '모듬축'이라 한다 했다.

이런 도제가 끝나면 아래당산 한가운데 높다랗게 쌓아두었던 장작더미에 불이 붙여지면서 또 한 번의 마을 축제판이 시작된다. 그 장작불을 중심으로 온 마을 사람들이 악기 소리에 맞추어 춤을 추며 돌다가 힘이 들면, 한 구석으로 모여 앉아 넉넉하게 마련된 술과 음식을 권커니 잣거니 먹자판을 벌인다. 이윽고 술기운이 돌거나, 바닷바람에 몸이 움츠려들면 다시 한 번 놀이판에 끼어들어 신명 내는 일을 반복한다. 겨울 냉기를 신명으로 밀어내는 한편, 마지막 제차인 '헌식'을 고대하는 것이다.

도제당 한쪽에 보관해두었던 헌식끄렁치가 다시 등장하니 자정 무렵이다. '소 한 마리'가 담겨있는 헌식끄렁치 안에 도제당 제물을 조금씩 떼 내어 함께 넣는데, 이 때 꼬막은 필수다. 도포수는 잘 갈무리한 이 헌식끄렁치를 들고 앞장서서 갯가 바위 터로 나간다. 도포수의 허리께에는 밧줄이 묶여있고, 몇 사람이 이를 단단히 붙들고 있어야 한다 했다. 헌식끄렁치를 던질 때 도포수가 갯벌에 빠질 것을 염려해서이기도 하지만, 갯귀신이 그를 낚아채 갈 것을 막기 위해서란다.

어둠을 밝히기 위해 갯가 곳곳에 켜놓은 햇불의 모습이 장관이기도 하려니와 매구패들이 신들린 듯 울려대는 사물소리로 하여 대포리갯제는 절정에 달한다.

이때 갯벌에 선 도포수는 사물소리에 맞춰 헌식끄렁치를 들고 춤을 추기도 하고, 던질 듯 말 듯 놀려대며 갯귀신과 함께 이제는 마을을 지켜주는 또 한 무리의 신이 된 선조들까지 불러 모은다. 이들에게 어부들의 조업 중 안전을 빌기도 하고 때로는 온갖 말로 달래며 같이 노는 것이다. 그러던 어느 한순간 헌식끄렁치를 갯벌 저 멀리로 있는 힘껏 던짐으로 해서 갯벌 지킴이에 대한 한 해 대접이 모두 끝났다고 여긴다.

'올린 자리는 있어도, 떠난 자리는 없다'던가. 이튿날 아침, 일삼아 갯가로 나간 도포수가 자신이 헌식끄렁치를 던졌던 갯벌을 헤아려보면 그 흔적조차 찾을 길이 없다는 것이다. 갯귀신이 받아간 것이라 믿는 것이다. 이로써 대포리 사람들은 갯귀신의 존재를 믿기도 하려니와, 자신들이 올린 정성을 갯귀신이 흡족하게 받아주었음에 다시 한 번 감사한 마음을 갖는다는 얘기다.

찰진 펄 차진 꼬막

이렇게 굿상과 제상에 까지 오르며 남도 갯마을의 대표적인 먹을거리임을 입증한 벌교 별미가 바로 꼬막이다. 벌교와 강진·고흥·순천 등 남도아낙네들이 제각각 펄 속을 헤

좌 데쳐낸 제철 벌교 꼬막
우 속살이 실하게 들어차 있다.

집어 잡아낸 이런 꼬막을 칭찬하는 말도 있다. '감기 석 달에 입맛이 소태라도 고막 맛은 변치 않는다'라든가 '고막 맛 떨어지면 죽은 사람'이라는 벌교 갯사람들의 말에서 꼬막이 우리 몸에 얼마나 이로운지를 알 수 있다할까.

『동국여지승람』에 전라도의 토산물로 등장하는 꼬막은 양식 역사도 길다. '꼬막이나 새꼬막은 바다에다 씨를 뿌려 가꾸었으며, 그 육질은 누렇고 맛이 달다. 조가비는 둥글며 하얗고, 도랑과 골이 있어 기와지붕 같다. 두 개의 조가비는 서로 엇물려 있어 단단하다. 살코기는 노랗고 맛이 좋다'며 『자산어보』에서 전한 이야기로 미루어 오랜 양식 역사를 지녔음을 알 수 있다.

벌교를 주 무대로 한 소설 '태백산맥'에도 꼬막은 어김없이 등장한다. 무당 월녀가

벌교꼬막을 주 재료로하여 벌교아낙네가 손맛을 더한 꼬막 한 상

딸 소화의 꼬막 무치는 손끝을 보며 하는 칭찬 등인데, 어디 소설 속 인물뿐이랴. 벌교 천변에서 우연히 만난 세 명의 초등학교 4학년 여학생들도 꼬막 맛을 제대로 알고 있었다.

"워메 아저씨 꼬막은 그렇게 까는 게 아니어라. 조갑지 양쪽에 이렇게 손톱을 세워서…"

촬영 중 알맹이가 보이도록 꼬막 몇 개를 까느라 애쓰던 내가 안 되어 보인 모양이다. 곁에서 보던 초등학생에게 넘겨주었더니, 꼬막 조가비는 고사리 손안에서 어느새 활짝 벌어져 알맹이를 내보이고 있었다. 조가비 까는 모습을 다시 보여주려는 학생에게 "어떻게 삶는 줄도 아니?" "우리 엄니 하시는 걸 본께 삶은 게 아녀라. 데치는 것처럼 해야 되지라. 다른 조개 삶듯 첨부터 물에 넣고 같이 끓이능거시 아니어라, 물이 팔팔 끓은 담에 불기를 눅이고 그 물에 꼬막을 넣고 잠깐 익히니 데치는 거시지라."

차진 남도 사투리에 손짓까지 해가며 해주는 설명인데, 엄마의 손맛을 보고 배우는 아이들이 있는 한 벌교꼬막 맛은 변하지 않으리라 장담한다.

　벌교의 꼬막전문점 아낙네가 보탠즉슨 '푹 삶으면 살이 줄어들고 살이 질겨져서 제 맛이 나지 않는다. 간간한 맛과 매끈한 물기가 그대로 남아있게 하자면, 한참 끓은 물에 불기를 죽이고 꼬막을 넣은 뒤 뚜껑을 덮고 잠깐 있으면 된다'였다. 꼬막은 데쳐낸 그대로 먹어도 별미요, 양념을 해 올려도 밥도둑인데, '집집이 다른 꼬막 맛'이란 말도 벌교에 있으니 김장김치 맛 다르듯 꼬막 맛도 아낙 손길에 따라 제 각각이란 소리겠다.

사진 낚는 어부,
바다를 담다

겨울 편

초판 1쇄 발행 2022년 11월 30일

지은이 김상수
펴낸이 홍종화

편집·디자인 오경희·조정화·오성현·신나래
　　　　　박선주·이효진·정성희
관리 박정대·임재필

펴낸곳 민속원
창업 홍기원
출판등록 제1990-000045호
주소 서울시 마포구 토정로 25길 41(대흥동 337-25)
전화 02) 804-3320, 805-3320, 806-3320(代)
팩스 02) 802-3346
이메일 minsok1@chollian.net, minsokwon@naver.com
홈페이지 www.minsokwon.com

ISBN 978-89-285-1783-1
S E T 978-89-285-1780-0 04380

ⓒ 김상수, 2022
ⓒ 민속원, 2022, Printed in Seoul, Korea

이 책은 저작권법에 따라 보호를 받는 저작물이므로 무단전재와 복제를 금지하며,
이 책의 전부 또는 일부를 이용하려면 반드시 저작권자와 출판사의 서면동의를 받아야 합니다.

이 도서는 한국출판문화산업진흥원의 '2022년 우수출판콘텐츠 제작 지원' 사업 선정작입니다.